“十三五”国家重点研发计划项目成果
污染场地土壤和地下水原位采样新技术与新装备

GAOPIN SHENGBOSHI
YUANWEI RUORAODONG ZUANJIN CAIYANG
YITIHUA JISHU YU ZHUANGBEI

高频声波式原位弱扰动钻进采样一体化技术与装备

潘云雨 著

江苏大学出版社
JIANGSU UNIVERSITY PRESS
镇 江

图书在版编目(CIP)数据

高频声波式原位弱扰动钻进采样一体化技术与装备 / 潘云雨著. -- 镇江 : 江苏大学出版社, 2022.12
ISBN 978-7-5684-1908-6

Ⅰ. ①高… Ⅱ. ①潘… Ⅲ. ①土壤污染－采样－钻机 Ⅳ. ①X530.8

中国版本图书馆 CIP 数据核字(2022)第 252440 号

高频声波式原位弱扰动钻进采样一体化技术与装备

著　　者/潘云雨
责任编辑/徐　婷
出版发行/江苏大学出版社
地　　址/江苏省镇江市京口区学府路 301 号(邮编: 212013)
电　　话/0511-84446464(传真)
网　　址/http://press.ujs.edu.cn
排　　版/镇江市江东印刷有限责任公司
印　　刷/广东虎彩云印刷有限公司
开　　本/710 mm×1 000 mm　1/16
印　　张/14
字　　数/233 千字
版　　次/2022 年 12 月第 1 版
印　　次/2022 年 12 月第 1 次印刷
书　　号/ISBN 978-7-5684-1908-6
定　　价/68.00 元

目录

第1章 <<<

绪论

1.1 中国土壤污染状况概述

1.1.1 土壤污染分布范围与区域特征

土壤污染,指的是人为活动产生的污染物进入土壤并积累到一定程度,引起土壤质量恶化,并造成危害的现象。中国土壤污染在区域上涉及西南、华中、华南、华东、华北、西北、东北七大区的各省市区,空间上遍布城镇、郊区、农村及自然环境,在利用方式上涵盖农业用地、建设用地、矿产区、油田和军事用地,土壤污染类型以无机型为主,有机型次之,复合型污染比重较小。

《全国土壤污染状况调查公报》显示,全国土壤总的超标率为16.1%,其中轻微、轻度、中度和重度污染点位比例分别为11.2%、2.3%、1.5%和1.1%;耕地的土壤点位超标率为19.4%,其中轻微、轻度、中度和重度污染点位比例分别为13.7%、2.8%、1.8%和1.1%;工业废弃地的土壤点位中,超标点位占34.9%,重污染企业用地及周边的土壤点位中,超标点位占36.3%。

从污染分布情况看,南方土壤污染状况相较于北方更为严重;长江三角洲、珠江三角洲、东北老工业基地等部分区域土壤污染问题较为突出,西南、中南地区土壤重金属超标范围较大;镉、汞、砷、铅4种无机污染物含量分布呈现从西北到东南、从东北到西南方向逐渐升高的态势。

1.1.2 土壤污染物类型及其分布特征

土壤中的污染物来源广、种类多,一般可分为无机污染物和有机污染物。无机污染物以重金属为主,如镉、汞、砷、铅、铬、铜、锌、镍,局部地区还有锰、钴、硒、钒、锑、铊、钼等;有机污染物种类繁多,包括苯、甲苯、二甲苯、乙苯、三氯乙烯等挥发性有机污染物,以及多环芳烃、多氯联苯、有机农药类等半挥发性有机污染物。目前,我国土壤污染类型以无机型为主,无机污染物超标点位数占全部超标点位的82.8%。

按土地利用性质,环境质量有如下特征:① 耕地。无机污染物包括重金属镉、镍、铜、砷、汞、铅,有机污染物为滴滴涕和多环芳烃。② 林地。主要污染物为重金属砷、镉,以及有机农药六六六和滴滴涕。③ 草地。主要污染物为重金属镍、镉和砷。④ 工矿用地。除重金属汞、铬、铅、镉、砷、镍等以外,污染物通常含有苯系物、氯代烃类、石油烃、多环芳烃、农药、多氯联苯等有机物。⑤ 其他用地(含未利用地)。主要污染物为重金属镍、镉,以及有机污染物多环芳烃等。

从全国范围而言,土壤重金属及多环芳烃的污染分布具有明显的区域化特征。土壤镉污染主要分布在西南、华南地区,其中成都平原和珠江三角洲地区较为突出;土壤汞污染主要分布在长江以南地区,其中东南沿海地区呈现沿海岸带的带状分布;土壤铬污染主要分布在云南、贵州、四川、西藏、海南和广西;土壤铅污染主要分布在珠江三角洲、闽东南地区和云贵地区,湖南、福建和广西也有较高的超标率;土壤多环芳烃污染主要分布在东北老工业基地、长江三角洲和华中地区,其中煤炭大省山西的土壤多环芳烃污染超标率高达17.5%。

1.1.3 土壤污染状况发展趋势

相关研究结果显示,受重金属污染的耕地面积超过$2\times10^7\ hm^2$,受农药污染的耕地面积达$9.3\times10^6\ hm^2$,受污水灌溉污染的耕地面积达$2.2\times10^6\ hm^2$,受工业废渣污染的耕地面积已超过$1\times10^5\ hm^2$。另外,根据污染地块修复的相关研究表明,全国范围内面积大于$1\times10^4\ m^2$的污染地块超过50万块。

目前,我国已经完成$1.27\times10^6\ km^2$的土地质量现状调查,调查结果显示我国流域性和区域性土壤地球化学异常或污染规模空前。长江流域、珠江流域、沿海经济带、松花江流域、辽河流域出现贯穿全流域的以镉为主,铅、汞为辅的流域性、区域性异常;黄河流域存在高氟、高砷、低碘等地球化学疾病问题;全国大中小城市土壤普遍存在汞异常。初步分析,这些流域性地球化学异常具有自然地球化学高背景与人为污染相互叠加的显著特征,在流域性重金属异常或污染区内,部分地区重大地球化学灾害和污染隐患突出,土壤地球化学状况恶化加剧。

无论是土壤污染，还是由土壤污染导致的大气、地表水和地下水污染，最终都将对动物和人造成危害。随着社会经济的高速发展和高强度的人类活动，我国因污染退化的土壤数量日益增加、范围不断扩大，土壤质量恶化加剧，已经影响到全面建设小康社会和实现可持续发展的战略目标。

1.2 土壤污染的危害与防治制度、措施

1.2.1 土壤污染的主要类型及危害

土壤污染使土壤的组成和理化性质发生变化，破坏其正常功能，对工农业生产造成影响，并可通过植物的吸收和食物链的积累等过程对人体健康造成严重危害，也会对水环境与大气环境造成连带污染。与大气污染和水环境污染相比，土壤本身的特性使得其污染具有隐蔽性、滞后性、累积性、不可逆转性等。除无机污染物和有机污染物外，土壤其他污染物，如病原菌、病毒等生物性污染物，放射性元素 90 锶和 137 铯等也会造成一定危害。

按照污染物的类型，土壤污染的危害可分为无机污染物危害、有机污染物危害和其他污染物危害。

(1) 无机污染物危害

重金属铜、镍、钴、锰、锌、砷等元素造成的土壤污染，不仅会导致植物生长发育障碍，还会影响动物和微生物的生长繁衍，破坏土壤生态过程和生态服务功能；长期施用酸性肥料或碱性物质会引起土壤 pH 值变化，降低土壤肥力和作物产量；植物体内累积的重金属物质通过食物链进入人体，经过日积月累造成内脏机能受损、肌体正常生理功能失调，还可能引起全身性神经痛、关节痛、糖尿病、心血管病等，甚至致癌、致畸等。

(2) 有机污染物危害

使用含酚、有机农药、油类、苯并芘类和洗涤剂类等的生活污水和工业废水(如石油化工、肥料、农药等)灌溉农田，会导致植物生长发育受到阻碍；有机农药的大量使用，使有益于农业的微生物、昆虫、鸟类遭到伤害，破坏了生态系统，使农作物遭受间接损失；残留农药通过食物链进入人体，这些有毒有害物质在人体内难以分解，经过长期积累造成慢性中毒，影响身体健康。

(3) 其他污染物危害

未经处理的粪便、垃圾、城市生活污水、传染病医院废水、饲养场和屠宰

场废水等的排放,可能会造成病原菌、病毒等生物性污染物扩散传播,导致严重的土壤生物性污染;某些植物致病细菌污染土壤后能引起番茄、茄子、辣椒、马铃薯、烟草等百余种茄科植物的青枯病,同时还能引起果树的细菌性溃疡和根癌病;甘薯茎线虫,黄麻、花生、烟草根结线虫,大豆胞束线虫,马铃薯线虫等都能经土壤侵入植物根部引起线虫病;部分受污染的土壤中含有致病的病原体,一旦通过农作物或水体摄入人体中,将诱发伤寒、痢疾、疟疾、病毒性肝炎等多种疾病。

1.2.2 土壤污染的警示——重大土壤污染事件

过去几十年间,随着我国工矿业的迅猛发展,重大土壤污染事件时有发生,给当地的生态环境和人们的生产生活造成了巨大的影响。针对重大土壤污染事件进行科学的调查研究和分析处理,不但可以解决当下的难题,还可以为将来此类事件的发生提供良好的防治措施。

1.2.2.1 万山汞污染事件

2002 年,曾被称为“中国汞都”的贵州万山因资源枯竭,被宣布政策性关闭,但几十年的汞矿开采给当地造成了严重的土壤和水体汞污染。据调查报告显示,贵州万山在 2005 年时就有 117.4 hm^2 的土壤遭受汞污染,含汞量在 200 mg/hm^2 以上的土壤有 66 hm^2 必须紧急处理;2014 年,官方资料显示,万山受汞污染的耕地土壤面积约 10 万亩(1 亩≈667 m^2),涉及人口 10 万人左右,土壤汞浓度为 0.207~255 mg/kg,超标最高达 572.3 倍。

汞有汞蒸气、无机(离子)汞和烷基汞(有机汞)三种毒物类型。汞蒸气或挥发性有机汞进入人体后,会在肝、肾及中枢神经系统内蓄积,引起慢性中毒;摄入可溶性无机汞,会对肠、肾和脑产生腐蚀作用,无机汞中毒会表现出神经衰弱综合征、汞毒性震颤及严重的肝、肾功能损害等症状;甲基汞(有机汞中毒性最强的化合物之一)对人体的危害更大,可通过食物的富集最终进入人体,甲基汞中毒会表现出头晕、失眠、记忆力减退、运动失调等症状,还会造成胎儿痴呆、畸形。

治理土壤汞污染的途径主要有两种:一是改变汞在土壤中的存在形态使其固定,从而降低其在环境中的迁移性和生物可利用性;二是利用治理措施去除土壤中的汞。近年来,该地一直加大土壤汞污染的治理力度,尤其是耕地污染的治理,虽然修复难度较大,但当地政府一直在坚持土壤修复工程。

1.2.2.2 湖南镉污染事件

2009年,湖南省浏阳市镇头镇双桥村的长沙湘和化工厂随意排放工业废渣、废水等工业原料,造成附近水域和土壤镉含量超标,并导致509人尿检发现镉超标;2013年,媒体曝光了抽检的8批次镉大米及品牌全部来自湖南;2014年,湖南省衡阳市衡东县大浦镇衡阳美仑颜料化工有限公司铅尘排放点未配备净化装置,不仅造成了300多名儿童血铅超标,还使得稻米样本中的镉含量超过国家标准近21倍。

在大宗谷类作物中,水稻的吸镉能力最强,而在以水稻为主食的国家,稻米中的镉是人体镉的主要来源。同时,镉极易蓄积于动物体内,造成动物性食品的污染问题。镉对人体肾、肝、胰、心肺以及主动脉都有不同程度的损害,如果人体摄入过量的镉,就会阻碍锌、钙等元素的吸收,随时间逐渐积累,还会使骨骼密度降低,造成骨质疏松症。

目前,镉污染的防治主要包括污染源末端治理与受污染土壤的修复。镉污染源末端治理的关键在于:一是要开展镉污染源废水治理关键技术研发,研究镉污染废水、污泥废弃物的资源化与安全处置方法;二是开展区域镉污染治理关键技术。同时,应围绕镉污染重点农田和矿区环境开展研究,了解典型区域土壤镉污染空间分布特征、向水体迁移规律等,有针对性地设计相应的物理、化学、生物或者其他治理修复技术。

1.2.2.3 甘肃铅污染事件

2006年,甘肃省陇南市徽县水阳乡共查出368人血铅超标,其中14岁以下的儿童有149人。在这368名血铅超标人员中,重度血铅中毒的共有7人,其中包含4名儿童。据调查,此次铅污染事件主要是由当地一家铅锭冶炼厂偷排大量有害气体和灰尘造成的。尽管该厂在事发后已被勒令停止生产,并决定搬离群众聚居区,但是厂区周边400米范围内土地已经全部被污染。

铅是一种严重危害人体健康的重金属元素,属于三大重金属污染物之一。铅是蓄积性毒物,当人体中铅的含量达到一定程度时,会引发身体的不适,严重的铅中毒会引起腹泻与呕吐。铅主要是损害骨髓造血系统和神经系统,对男性的生殖腺也有一定的损害。人如果经常接触低浓度铅,会出现头痛、头晕、疲乏、记忆力减退和失眠,并常伴有食欲不振、便秘、腹痛等消化系统的症状。幼儿大脑对铅污染比成年人更为敏感,长期暴露于低浓度铅污染环境会严重影响儿童的成长和神经功能,包括智力发育。

铅的冶炼加工处理的工艺、设备落后,布点分散是造成铅污染严重的首要原因,而管理不善、地方保护以及人们环保意识淡薄,更加剧了污染。针对铅污染的防控,改进工艺、升级设备是第一要务,而强化污染防控意识、提升管理水平也极为重要。受铅污染的土壤修复技术大体可分为两类:物理化学修复技术和生物修复技术。物理化学修复又可分为客土深耕法、隔离法、淋滤法、固化稳定法、电化学法、氧化还原法、螯合剂法及重金属拮抗法等;生物修复又可分为微生物修复法和植物修复法。

1.2.3 土壤污染的防治战略、政策与措施

通过对上述重大土壤污染事件的分析表明,国家环境监管部门失于管理、相关法律法规尚未完善、工业企业法律意识淡薄、人民群众环保意识缺失、突发事件应急处理处置不当是造成这些事件发生的主要原因。因此,针对目前存在的这些主要问题,需要从污染防治战略、政策与措施的不同层面同步着手,深入贯彻习近平总书记“绿水青山就是金山银山”的环保发展理念,提升绿色可持续的发展水平,建立起完善的法律法规体系,筑牢国家监管的篱笆。

1.2.3.1 构建完善的法治体系,加强土壤污染防治监督

为了保证经济和社会稳定发展,达到理想的环保目标,相关管理部门需要根据现实情况提出更为完善的土壤污染治理方案,健全土壤污染法律管理体系,在现实工作开展中,需要将重点放在监管方面,提升实际的环境治理效果。

环境监管部门需要时刻关注土壤土质和土壤性质,确定污染因素,全方位分析土壤的性质,结合已有的土壤治理方案,逐渐提升土壤治理能力。及时处罚违规操作行为,及时更新设备与技术,定期开展治理设备维修。

环境保护部门需要严格按照环保标准落实各项制度,确保所有的土地污染治理工作都能发挥出自身的效果,达到最终的环保目标,为时代发展提供助力。

为了确保土壤污染治理方案符合环保目标,各工作部门需要使用抽样调查的方法,从法律制度角度出发,提升土壤污染治理的有效性。

1.2.3.2 加强环保宣传,提升群众的环保意识

从现实角度来看,若想达到理想的环境治理目标,需要全社会共同努力。

为增强土壤污染治理效果，土地资源管理局和环保部门需要做好环境保护宣传工作，提升群众的环保意识，发挥土壤污染治理技术的全部作用。

在新时代背景下，地方管理部门可以利用信息技术录制环保宣传视频，还可以建立环保宣传工作角，让群众在生活中接触到更多的环保内容，提升群众的环保积极性。

环保管理部门可以建设环保宣传网站，通过网站平台积极和群众进行沟通，发挥群众的监督作用，对群众举报属实的环境污染案件给予一定的资金奖励，从而增强群众的环保意识，降低土地污染发生率。

学校也需在环保工作中发挥自身的作用，利用课余时间为学生讲述环保方面的知识，让学生了解环保问题的重要性，增强学生的环保意识，为保护环境做出努力。

1.2.3.3 在土地污染治理技术方面作出改革，加大资金投入力度

为保证土壤污染治理达到理想效果，环境保护部门和环境管理部门需要将重点放在技术研发上，为技术研发提供更多的资金支持和物力资源支持。由于土地污染仍没有得到有效治理，因此只有不断加大技术研发力度，获取更多的研究数据，才能将环境污染治理提升到更高层次。

根据目前实际情况来看，我国土壤污染治理遇到了多方面问题。地方环境管理部门不仅要重视工作人员的日常培训，让所有工作人员和地方群众具备环保意识，还要加强技术研发和培训方面的资金投入，结合自身需求合理引入国外先进治理技术，并且工作人员需要对引进技术进行深入分析，看其是否和我国土地污染治理需求相匹配。另外，在土壤问题治理过程中，还需做好样本采集和数据收集工作，借助智能设备及时完成分析，保证土壤污染治理技术得以创新，从本质上应对污染问题。

1.2.3.4 合理使用生物修复技术和化学治理技术

在针对土壤污染进行治理的过程中，可以使用生物降解方式，例如利用蚯蚓提升土壤的自净能力。在土壤污染治理过程中，需关注城市垃圾堆放和工业“三废”排放问题，预防土地受到重金属物质的侵害。在土地使用过程中，可使用农药污染降解方案，逐渐减少农药残留；还可利用植物修复技术和动物修复技术对农药污染土壤进行修复。例如，用植物吸收土壤中的有机污染物，用动物吸收或富集土壤中的残留农药。

在应用化学治理方法时，需要深入观察土壤污染程度，合理配制化学改

良药剂,提升金属物质的溶解性。在化学药剂的使用过程中,需要重视配制浓度,以减少对土地中植物产生的伤害;还需要关注地下水体动态,根据地下水含量配制抑制剂,防止重金属的大量堆积。从农业种植角度来看,需要增加有机肥使用量,通过这种方式不仅能改变土壤性质,同时还能增加土壤容量。在重金属污染问题处理过程中,需要预防对植物产生伤害。

除此之外,还需要关注土壤氧化条件,合理配置土壤的氧化还原状态,使金属物质和沉淀物质之间实现合理转化,降低污染产生的危害。在调节土壤内部结构时,需要合理配制化学药剂的实际比例,通过增加土壤水分,降低硫化物产生的毒性,达到理想的环保目标。

1.2.3.5 合理控制污染源

造成土壤污染的主要原因为农田灌溉和农药的使用。农田灌溉采用的废水类型相对较多,整体废水结构成分复杂,虽然部分工业废水是无毒的,但是在流动过程中和其他物质混合也可能变成有毒废水。在进行农田灌溉时,需要严格执行灌溉标准,预防出现土壤污染问题。

在使用农药时,需要科学配制相关农药,在农药使用之前需要了解相关知识,施用农药时缩小农药喷洒范围、减少农药喷洒次数,从而合理应对农药对土壤产生的影响,逐渐减少农药残留现象。在植物病虫害治理过程中,还可以积极使用生物治理技术,利用害虫的天敌防止病虫害,从而减少环境污染。

此外,地方管理部门需要针对农户进行环保知识宣传,让农户充分了解土壤保护的重要性,最终达到理想的环保目标。

1.3 土壤污染防治的技术措施——监测、管控、调查与修复

1.3.1 土壤污染状况监测与管控

土壤污染已成为我国当前需要重点解决的问题之一,以往的土壤污染防治及管控工作主要由其主管部门发布相关条例,自2015年以来国家相继发布《水污染防治行动计划》和《土壤污染防治行动计划》,并于2018年正式颁布《中华人民共和国土壤污染防治法》,从而在国家法律层面确定了土壤污染防治和管控标准。

《环境监测分析方法标准制订技术导则》(HJ 168—2020)是我国环境监

测方法标准的统领性文件。土壤监测标准分为国家标准和行业标准两大类，主要包括国家标准、环保行业标准、农业标准和林业标准。其中，国家标准和环保行业标准侧重于监测土壤环境污染，农业标准和林业标准侧重于检测土壤的营养元素及其有效态和理化指标，它们共同构成了我国土壤环境监测工作的基本保障体系。

“十三五”期间，我国已建成8万余个土壤环境监测点位，基本实现土壤类型全覆盖。根据采样后测定地点的不同，土壤监测方法分为原位测定和异位测定，前者是在现场完成采样及测定，后者是采样后将样品带回实验室测定。根据待测土壤污染物类型的不同，土壤监测方法分为无机物监测方法、有机物监测方法、放射性监测方法、理化指标及其他监测方法。

环境监测技术是指利用计算机网络、电子监控等技术进行监测，通过分析监测数据来了解和掌握环境质量信息。目前，土壤环境监测技术主要有3S技术、生物技术、信息技术和物理化学技术。3S技术包含遥感技术（RS）、地理信息系统（GIS）和全球定位系统（GPS），通过与计算机技术结合来获取土壤环境信息；生物技术利用生物传感器、核酸探针等来实现对土壤环境的监测与评价；信息技术通过计算机和网络技术来同时开展土壤环境监测与控制工作，如其中最具优势的无线传感器技术；物理化学技术通过电感耦合、氰化物反应等物化反应来准确获取环境监测数据。

当前，我国土壤环境监测技术还存在很多不足，如监测体系不完善、仪器设备跟不上监测需求等。随着监管力度加大，土壤环境分析监测技术也迅速发展，主要趋势为从单一污染物含量分析到多种监测分析技术并存，从点源到多源多维度立体分析，融合了遥感、物联网、大数据等技术，以实现自动化、远程化、智慧化监测。

1.3.2 土壤污染状况调查

土壤污染状况调查是采用系统的调查方法，确定地块是否被污染及污染程度和范围的过程；调查对象通常是可能受到有害物质污染的土壤。通过调查可以掌握土壤、农作物所含污染物的种类、含量水平及其空间分布，可以考察污染物对人体、生物、水体或（和）空气的危害，为强化环境管理、制定防治措施提供科学依据。

根据相关规定，对拟流转、出让或用途拟变更前涉及有色金属矿采选、有色金属冶炼、石油加工、化工、焦化、电镀、制革、医药制造、铅酸蓄电池制造、废旧电子拆解、危险废物处置和危险化学品生产、储存使用等重点行业企业用地要进行环境调查和风险评估，经环境调查和风险评估属于被污染场地的，应编制治理修复方案，并开展修复工作。目前，土壤污染状况调查的服务项目主要有：① 农用地变更为建设用地；② 工业用地变更为建设用地；③ 旧村庄改造（城市更新、"三旧"改造等）；④ 土壤检测；⑤ 地下水调查及检测；⑥ 地块污染调查；⑦ 土壤专项评估；⑧ 修复效果评估。

土壤污染状况调查需要遵循以下三项原则：

① 针对性原则。针对地块的特征和潜在污染物的特性，进行污染物浓度和空间分布调查，为地块的环境管理提供依据。

② 规范性原则。采用程序化和系统化的方式规范土壤污染状况调查过程，保证调查过程的科学性和客观性。

③ 可操作性原则。综合考虑调查方法、时间和经费等因素，结合当前科技发展和专业技术水平，使调查过程切实可行。

土壤污染状况调查一般包括使用检测（钻探采样）技术来采集土壤和地下水样品，并且寻找地下的管、槽、罐、恶臭的废弃物，有时还需要根据实际情况采集底泥、地表水、室内空气样品等。

土壤污染状况调查一般采用的土壤采样方法有分层采样和表层采样两种。分层采样需要采集污染地块土壤的表层、中层与深层三个层次的样品，具体采样深度需要按照现场光离子气体检测仪（PID）、X 射线荧光光谱仪（XRF）的检测结果或综合判断来确定。分层采样的方式以机械钻孔、打井为主，打井前需要清理覆盖层上面的较硬构筑物或碎石，然后对覆盖层以下的土壤进行钻探取样。除了位置较深的点位外，还可采用表层采样的方式。表层采样深度通常小于 0.2 m，主要使用铁铲、锹、剖面刀等采样工具。在清理完土壤表层覆盖的植被、砖石块等后方可进行土壤采集。

1.3.3 土壤污染修复

土壤污染修复技术是指通过物理、化学、生物、生态学原理，并采用人工调控措施，使土壤污染物浓（活）度降低，实现污染物无害化和稳定化，以达到人们期望的解毒效果的技术措施。理论上可行的修复技术有植物修复、微生物修复、化学修复、物理修复和综合修复等几大类，部分修复技术已经进入现场应用阶段并取得了较好的效果。

我国土壤修复技术研究起步于“十五”期间，经过多年的发展，现已初步建立了土壤修复技术体系，按工艺原理可分为物理修复、化学修复和生物修复。针对污染土壤实施修复，对阻断污染物进入食物链，防止对人体健康造成危害，促进土地资源保护和可持续发展具有重要意义。

1.3.3.1 物理修复技术

物理修复技术是指根据污染物的物理性状及其在环境中的行为，通过机械分离、挥发、电解和解吸等物理过程，消除、降低、稳定或转化土壤中的污染物。常见的物理修复技术有物理分离修复技术、蒸汽浸提修复技术、稳定/固化修复技术、热处理修复技术、电动力学修复技术。

(1) 物理分离修复技术

物理分离修复技术主要应用于污染土壤中无机污染物的修复，尤其适合处理小范围的土壤污染，通过从土壤、沉积物、废渣中分离重金属，使被污染的土壤恢复正常功能。物理分离修复技术的基本原理是根据土壤介质及污染物的物理特征，采用不同的方法将污染物质从土壤中分离出来：依据粒径大小，采用过滤或微过滤的方法进行分离；依据分布、密度大小，采用沉淀或离心分离；依据磁性特征，采用磁分离手段；依据表面特性，采用浮选法进行分离等。物理分离修复技术具有设备简单、费用低廉、可持续高产等优点。

(2) 蒸汽浸提修复技术

蒸汽浸提修复技术是利用物理方法降低土壤孔隙的蒸汽压，把土壤中的污染物转化为蒸汽形式而加以去除的技术，可分为原位土壤蒸汽浸提技术、异位土壤蒸汽浸提技术和多相浸提技术。原位土壤蒸汽浸提技术适用于处理蒸汽压大于 66.66 Pa 的挥发性有机化合物，如挥发性有机卤代物或非卤代物，也适用于除去土壤中的油类、重金属、多环芳烃或二噁英等污染物；异位土壤蒸汽浸提技术适用于修复含有挥发性有机卤代物和非卤代物的污染土壤；多相浸提技术适用于处理中、低渗透型地层中的挥发性有机物。蒸汽浸提修复技术的显著特点是可操作性强，处理污染物的范围广，可由标准设备操作，不破坏土壤结构，以及可回收利用有潜在价值的废弃物等。

(3) 稳定/固化修复技术

稳定/固化修复技术是指通过固态形式在物理上隔离污染物或者将污染物转化为化学性质不活泼的形态，通过降低污染物的生物有效性来消除或降低污染物的危害的技术,可分为原位稳定/固化修复技术和异位稳定/固化修复技术。原位稳定/固化修复技术通常适用于重金属污染土壤的修复,一般不适用于有机污染物污染土壤的修复;异位稳定/固化修复技术通常适用于处理无机污染物质,不适用于半挥发性有机物和农药杀虫剂污染土壤的修复。稳定/固化修复技术只是暂时降低了污染物在土壤中的毒性,并没有从根本上去除污染物,当外界条件改变时,这些污染物还有可能再次释放出来污染环境。

(4) 热处理修复技术

热处理修复技术是指通过直接或间接热交换,将污染介质及其所含的有机污染物加热到足够的温度(150~540 ℃),使有机污染物从污染介质中挥发或分离的过程。按温度高低可分成低温热处理技术(土壤温度为 150~315 ℃)和高温热处理技术(土壤温度为 315~540 ℃)。热处理修复技术适用于处理土壤中挥发性有机物、半挥发性有机物、农药、高沸点氯代化合物,不适用于处理土壤重金属、腐蚀性有机物、活性氧化剂和还原剂等。

(5) 电动力学修复技术

电动力学修复技术的基本原理包括土壤中污染物的电迁移、电渗析、电泳和酸性迁移等电动力学过程。电动力学修复技术通常有三种应用方法:① 原位修复,直接将电极插入受污染土壤,污染修复过程对现场的影响最小;② 序批修复,污染土壤被输送至修复设备分批处理;③ 电动栅修复,在受污染土壤中依次排列一系列电极用于去除地下水中的离子态污染物。与挖掘、土壤冲洗等异位技术相比,电动力学修复技术对现有景观、建筑和结构等基本无影响,不会破坏土壤本身的结构,而且该过程不受土壤低渗透性的影响,并对有机污染物和无机污染物都有效。

1.3.3.2 化学修复技术

化学修复技术是指利用化学处理技术,通过化学物质或制剂与污染物发生氧化、还原、吸附、沉淀、聚合、络合等反应,使污染物从土壤或地下水中分离、降解、转化,或稳定成低毒、无毒、无害等形式(形态),或形成沉淀除去。化学修复技术主要包括化学淋洗修复技术、原位化学氧化修复技术、原位覆盖技术、溶剂浸提修复技术。

(1) 化学淋洗修复技术

化学淋洗修复技术是指借助能促进土壤环境中污染物溶解或迁移作用

的化学/生物化学溶剂,在重力作用下或通过水力压头推动淋洗液,将其注入被污染土层,然后把含有污染物的液体从土层中抽提出来,进行分离和污水处理的技术。在化学淋洗修复技术中,淋洗液是含化学冲洗助剂的溶液,具有增容、乳化或改变污染物化学性质的作用。提高污染土壤中污染物的溶解性和淋洗液在液相中的可迁移性是实施该技术的关键。化学淋洗修复技术主要围绕用表面活性剂来处理有机污染物,用螯合剂或酸处理重金属来修复被污染的土壤。开展修复工作时,既可在原位进行修复,也可在异位进行修复。化学淋洗修复技术适用于各种类型污染物的治理,如重金属、放射性元素以及许多有机物,包括具有低辛烷/水分配系数的有机化合物、石油烃、羟基类化合物、易挥发有机物、多氯联苯(PCBs)以及多环芳烃等。

(2) 原位化学氧化修复技术

原位化学氧化修复技术是指将化学氧化剂注入土壤中,氧化其中的污染物,使污染物降解或转化为低毒、低移动性产物的修复技术。原位化学氧化修复技术不需要将污染土壤全部挖出,只要在污染区的不同深度钻井,通过泵将氧化剂注入土壤,通过氧化剂与污染物的混合、反应使污染物降解或导致形态变化。成功的原位化学氧化修复技术离不开向注射井中加入氧化剂的分散手段,对于低渗土壤可以采取土壤深度混合、液压破裂等方式对氧化剂进行分散。常用的氧化剂包括高锰酸钾($KMnO_4$)、过氧化氢(H_2O_2)和臭氧气体等。$KMnO_4$ 与有机物反应产生二氧化锰(MnO_2)、二氧化碳(CO_2)和中间有机产物,没有环境风险,MnO_2 比较稳定,容易控制;不利因素在于对土壤渗透性有负面影响。H_2O_2 可以利用 Fenton 反应开展原位化学氧化修复技术,产生的自由基(HO—)能无选择性地攻击有机物分子中的 C—H 键,对有机溶剂(如酯、芳香烃以及农药等有害有机物)的破坏能力高于 H_2O_2 本身。

(3) 原位覆盖修复技术

原位覆盖修复技术是用带有清洁剂的化学修复剂来覆盖污染土壤的技术,可通过灌溉将带有清洁剂的化学修复剂浇灌或喷洒在污染土壤的表层,或通过注入把液态化学修复剂注入亚表层土壤。若试剂会产生不良环境效应,或者所使用的化学试剂需要回收再利用,则可以通过水泵从土壤中抽提化学试剂。非水溶性的改良剂或抑制剂可通过人工撒施、注入、填埋等方法施入污染土壤。若土壤温度较高并且污染物质主要分布在土壤表层,则适合使用人工撒施的方法。为保证化学稳定剂能与污染物充分接触,人工撒施之后还需要采取普通农业技术（如耕作）把固态化学修复剂充分注入污染土壤的表层，有时甚至需要深耕。若非水潜性的化学修复剂颗粒比较细，则可以用水、缓冲液或弱酸配制成悬浊液，用水泥枪或近距离探针注入污染土壤。对于封锁地表污染物和显著地减少地底垃圾移动，覆盖是一种值得信赖的技术。

(4) 溶剂浸提修复技术

溶剂浸提修复技术是一种利用溶剂将有害化学物质从污染土壤中提取出来或去除的技术。PCBs 等油脂类物质不溶于水，易吸附或黏贴在土壤上，处理比较困难。溶剂浸提技术能够克服这些困难，处理土壤中的 PCBs 与油脂类污染物。溶剂浸提修复技术是利用批量平衡法，将污染土壤挖掘出来并放置在一系列提取箱（除出口外密封很严的容器）内，在其中进行溶剂与污染物的离子交换等化学反应。溶剂的类型取决于污染物的化学结构和土壤特性。监测表明，当土壤中的污染物基本溶解于浸提剂时，可借助泵的力量将其中的浸出液排出提取箱并导入溶剂恢复系统。按照这种方式重复提取过程，直到目标土壤中污染物水平达到预期标准；同时，对处理后的土壤引入活性微生物群落和富营养介质，以便快速降解残留的浸提液。

1.3.3.3 生物修复技术

广义的生物修复指一切以利用生物为主体的环境污染治理技术，包括利用植物、动物和微生物吸收、降解、转化土壤和水体中的污染物，使污染物的浓度降低到可接受的水平，或将有毒有害的污染物转化为无害的物质，也包括将污染物稳定化，以减少其向周边环境扩散。生物修复技术一般分为微生物修复技术、植物修复技术和动物修复技术三种。

(1) 微生物修复技术

微生物修复技术是指通过微生物的作用清除土壤中的污染物，或使污染物无害化的过程，包括自然和人为控制条件下的污染物降解或无害化的过程。微生物对有机污染土壤的修复以其对污染物的降解和转化为基础，主要包括好氧和厌氧两个过程。完全的好氧过程可使土壤中的有机污染物通过微生物的降解和转化而成为 CO_2 和 H_2O，厌氧过程的主要产物为有机酸与其他产物。然而有机污染物的降解是一个涉及许多酶和微生物种类的分步过程，一些污染物不可能被彻底降解，只能转化成毒性和移动性较弱或更强的中间产物。

（2）植物修复技术

植物修复技术是利用绿色植物来转移、容纳或转化污染物，使其对环境无害的过程，修复对象是重金属、有机物或放射性元素污染的土壤及水体。植物修复技术属于原位修复技术，其成本低、二次污染易于控制，植被形成后具有保护表土、减少侵蚀和水土流失的功效，可大面积应用于矿山的复垦、重金属污染场地的植被与景观修复。但植物修复技术具有以下局限：① 主要依赖于生物进程，与一些常用工程措施相比，该技术见效慢，且修复周期长；② 难以修复深层污染；③ 由于气候及地质等因素使得植物的生长受到限制，存在污染物通过“植物—动物”的食物链进入自然界的可能。

（3）动物修复技术

动物修复技术是指通过土壤动物的直接作用（吸收、转化和分解）或间接作用（改善土壤理化性质、提高土壤肥力、促进植物和微生物生长），达到修复土壤污染目的的过程。

第2章 <<<

土壤污染状况调查技术与装备

2.1 土壤污染状况调查的政策规程与要求

2.1.1 土壤污染状况调查的法律依据

在《中华人民共和国土壤污染防治法》正式颁布之前,土壤污染地块调查工作并无确定性的法律依据,通常根据调查目的与要求的不同而选择不同的法律条例等。土壤污染状况调查涉及的国家法律法规依据,例如《中华人民共和国环境保护法》《中华人民共和国水污染防治法》《中华人民共和国固体废物污染环境防治法》《中华人民共和国大气污染防治法》《中华人民共和国环境噪声污染防治法》等,虽然对土壤环境监测、污染状况调查、健康风险评估等作了初步规定,但是缺少具体的适用范围、应用对象、技术规范与要求等。

与土壤污染状况监测、管控、调查有关的国家与地方的条例、办法,如《国务院关于印发土壤污染防治行动计划的通知》《工矿用地土壤环境管理办法(试行)》《污染地块土壤环境管理办法(试行)》《江苏省政府关于印发江苏省土壤污染防治工作方案的通知》等,虽然对适用范围、应用对象、具体的技术方案、操作规程与要求等作了较为明确的解释,但是对于全国范围来讲并不具有统一的规范性。

2019 年 1 月起施行的《中华人民共和国土壤污染防治法》,从法律层面上正式确立了土壤污染地块调查的适用范围、标准与要求。其中,第五十九条、第六十七条明确规定了具有土壤污染风险的建设用地地块进行土壤污染地块调查的适用范围及要求。

第五十九条:"对土壤污染状况普查、详查和监测、现场检查表明有土壤污染风险的建设用地地块,地方人民政府生态环境主管部门应当要求土地使用权人按照规定进行土壤污染状况调查。用途变更为住宅、公共管理与公共服务用地的,变更前应当按照规定进行土壤污染状况调查。前两款规定的土壤污染状况调查报告应当报地方人民政府生态环境主管部门,由地方人民政府生态环境主管部门会同自然资源主管部门组织评审。”

第六十七条:“土壤污染重点监管单位生产经营用地的用途变更或者在其土地使用权收回、转让前,应当由土地使用权人按照规定进行土壤污染状况调查。土壤污染状况调查报告应当作为不动产登记资料送交地方人民政府不动产登记机构,并报地方人民政府生态环境主管部门备案。”

2.1.2　土壤污染状况调查的技术与要求

为了保障土壤污染状况调查工作的顺利开展,国家相继发布了多项技术导则和规范,主要包括《建设用地土壤污染风险管控和修复术语》(HJ 682—2019)、《建设用地土壤污染状况调查技术导则》(HJ 25.1—2019)、《建设用地土壤污染风险管控和修复监测技术导则》(HJ 25.2—2019)、《建设用地土壤污染风险评估技术导则》(HJ 25.3—2019)、《建设用地土壤修复技术导则》(HJ 25.4—2019)、《建设用地土壤环境调查评估技术指南》(2017)、《重点行业企业用地调查信息采集技术规定(试行)》(2018)、《土壤环境监测技术规范》(HJ/T 166—2004)、《地块土壤和地下水中挥发性有机物采样技术导则》(HJ 1019—2019)等。这些导则、规范规定了建设用地土壤污染状况调查的原则、内容、程序和技术要求。

由于土壤污染状况调查需要保障前期的钻探采样流程顺利开展,因此在实际现场工作中,还要充分考虑钻探设备的勘探取样技术要求。土壤环境调查钻探采样工作通常以《污染场地岩土工程勘察标准》(HG/T 20717—2019)、《建筑工程地质勘探与取样技术规程》(JGJ/T 87—2012)、《岩土工程勘察规范(2009 年版)》(GB 50021—2001)、《土工试验方法标准》(GB/T 50123—2019)、《水文地质钻探规程》(DZ/T 0148—2014)、《危险废物鉴别技术规范》(HJ 298—2019)、《重点行业企业用地调查信息采集工作手册(试行)》(2018)、《环境影响评价技术导则 土壤环境(试行)》(HJ 964—2018)等作为实际工作的技术参考标准。这些标准、指南对污染场地的工程地质与水文地质条件、场地污染特征的初步勘察和详细勘察作了明确的表述。

一般土壤污染状况调查评价标准选择国家颁布实施的《土壤环境质量 建设用地土壤污染风险管控标准(试行)》(GB 36600—2018),对于上述标准中未明确的污染物评价参数，可选取合适的地方标准作为补充评价标准，如深圳地方标准《建设用地土壤污染风险筛选值和管制值》（DB4403/T 67—2020）、河北省地方标准《建设用地土壤污染风险筛选值》（DB13/T 5216—2022）、《上海市建设用地土壤污染状况调查、风险评估、风险管控与修复方案编制、风险管控与修复效果评估工作的补充规定（试行）》（沪环土〔2020〕62号）等。

2.1.3 土壤污染状况调查的基本流程

土壤污染状况调查分为第一阶段土壤污染状况调查、第二阶段土壤污染状况调查、第三阶段土壤污染状况调查以及报告编制四个阶段，每个阶段均有详细的工作内容与技术要求。现将每一阶段涉及的主要内容与技术要求布列如下。

（1）第一阶段土壤污染状况调查

以资料收集、现场踏勘和人员访谈为主的污染识别阶段，原则上不进行现场采样分析。需要收集的资料主要包括地块利用变迁资料、地块环境资料、地块相关记录、有关政府文件以及地块所在区域的自然和社会信息，用以分析佐证地块污染变化情况；现场踏勘和人员访谈主要包括现场污染核验、区域地质与水文地质情况描述、地块污染历史变迁等。若第一阶段调查确认地块内及周围区域当前和历史上均无可能的污染源，则认为地块的环境状况可以接受，调查活动可以结束。

（2）第二阶段土壤污染状况调查

以采样与分析为主的污染证实阶段。若第一阶段土壤污染状况调查表明地块内或周围区域存在可能的污染源，如化工厂、农药厂、冶炼厂、加油站、化学品储罐、固体废物处理等可能产生有毒有害物质的设施或活动，以及由于资料缺失等原因造成无法排除地块内外存在污染源时，则进行第二阶段土壤污染状况调查，确定污染物种类、浓度（程度）和空间分布。

第二阶段土壤污染状况调查通常可以分为初步采样分析和详细采样分析两步进行，每步均包括制订工作计划、现场采样、数据评估和结果分析等步骤。初步采样分析和详细采样分析均可根据实际情况分批次实施，逐步减少调查的不确定性。

根据初步采样分析结果，如果污染物浓度均未超过国家标准和地方相关标准以及清洁对照点浓度(有土壤环境背景的无机物),并且经过不确定性分析确认不需要进一步调查后,那么第二阶段土壤污染状况调查工作可以结束;否则认为可能存在环境风险,须进行详细调查。标准中未涉及的污染物,可根据专业知识和经验综合判断。详细采样分析是在初步采样分析的基础上,进一步采样和分析,确定土壤污染程度和范围。

(3) 第三阶段土壤污染状况调查

以补充采样和测试为主,获得满足风险评估及土壤和地下水修复所需的参数。本阶段的调查工作可单独进行,也可在第二阶段调查过程中同时开展。

(4) 报告编制

第一阶段土壤污染状况调查报告编制,内容主要包括土壤污染状况调查的概述、地块的描述、资料分析、现场踏勘、人员访谈、结果和分析、调查结论与建议、附件等;第二阶段土壤污染状况调查报告编制,内容主要包括工作计划、现场采样和实验室分析、数据评估和结果分析、结论和建议、附件;第三阶段土壤污染状况调查报告编制,按照国家标准 HJ 25.3 和 HJ 25.4 的要求,提供相关内容和测试数据。

2.2　土壤污染状况调查的技术与设备

2.2.1　土壤污染状况调查的钻探采样标准与要求

《建设用地土壤污染风险管控和修复监测技术导则》(HJ 25.2—2019)对地块土壤污染状况调查采样的垂直方向层次(深度)进行了划分,地表非土壤硬化层厚度一般予以去除,原则上应采集 0~0.5 m 表层土壤样品,0.5 m 以下下层土壤样品根据判断采用布点法采集,建议 0.5~6 m 土壤采样间隔不超过 2 m。一般情况下,应根据地块土壤污染状况调查阶段性结论及现场情况确定下层土壤的采样深度,最大深度应直至未受污染的深度。当同一性质土层厚度较大或出现明显污染痕迹时,应根据实际情况在该层位增加采样点;对于不同性质的土层(土壤变层),应至少采集一个土壤样品,以保证调查结果的真实性和准确性。

土壤采样的基本要求为尽量减少土壤扰动,保证土壤样品在采样过程不被二次污染;挥发性有机物污染、易分解有机物污染、恶臭污染土壤的采样,应采用无扰动式的采样方法和工具,钻孔取样可采用快速击入法、快速压入法及回转法，主要工具包括土壤原状取土器和回转取土器。

与普通岩土勘探相比，环境调查钻探采样对土壤样品质量的要求更为严格，因为其不仅仅关注土壤的岩性（物理性质），更需要检测土壤中的污染物（化学性质），尤其是当土壤中存在易挥发有机污染物时。《建设用地土壤污染状况调查技术导则》（HJ 25.1—2019）、《土壤质量 土壤采样技术指南》（GB/T 36197—2018）、《重点行业企业用地调查样品采集保存和流转技术规定》等技术导则中规定用于环境调查的土壤样品应是非（弱）扰动的。《岩土工程勘察规范（2009 年版）》（GB 50021—2001）、《土壤质量 土壤采样技术指南》（GB/T 36197—2018）和 *Standard Terminology Relating to Soil, Rock, and Contained Fluids*（ASTM D653-14）中对非（弱）扰动（undisturbed）的描述为：采集的土壤样品与原位土壤样品有相同的组成、性质和结构或土壤的结构变化很小，且能达到后续测试的要求和目的。

由于土壤是污染物存在的媒介，其物理性质（含水率、渗透率等）直接决定了污染物存在、分布的方式和迁移的途径。因此，无扰动采样的具体要求如下：

① 取得的土壤柱状样品要能与土壤原位存在时的深度一一对应，这直接影响判断污染物在土壤中实际存在的深度；

② 土壤的物理性质，如岩性、含水率、渗透率不变；

③ 土壤的化学性质不变，主要是指污染物的存在形式、分布和浓度不变，即挥发性有机物不挥发，不会造成上下层土壤交叉污染，也不会在钻探过程中引入新的污染物（钻井液、冲洗液等）。

2.2.2 土壤污染状况调查的钻探采样技术与设备

综合《岩土工程勘察规范（2009 年版）》（GB 50021—2001）、《建设工程地质勘探与取样技术规程》（JGJ/T 87—2012）、《土壤质量 土壤采样技术指南》（GB/T 36197—2018）、《建设用地土壤污染风险管控和修复监测技术导则》（HJ 25.2—2019）和 *Standard Guide for Selection of Drilling Methods for Environmental Site Characterization*（ASTM D6286）中提到的钻进工具和工艺，满足环境土壤采样无扰动要求的有：手工钻探法、探坑法、回转（螺旋）钻探、直接推进钻探（直推式钻探）、锤击钻探（钢索/钢缆冲击钻探）、声频（波）钻进。

手工钻探法主要是利用简单工具进行人工挖掘，深度一般不超过 3 m，对于深度要求较浅的土壤钻探取样可以达到基本的钻探目的;探坑法是在建筑地块挖探井(槽)以取得原状土样和直观的数据,优点是当地块地质条件比较复杂时,利用探坑法能直接观察地层的结构和变化,缺点是能得到的采样深度较浅;回转钻探是通过钻进设备轴心压力作用使钻头回转破碎岩石的技术;螺旋钻探是电动机带动螺旋钻杆使得钻头在钻压作用下回转进入地层,现在已发展出振动、冲击、空气、取芯、泥浆循环等新型的螺旋钻进技术;套管护壁冲击钻探主要是借助钢丝绳起落重锤并靠重锤下落的冲击力来使钻头破碎岩土,冲击取原状土试样时需要监控取土器的实时贯入度,以免贯入太多对进入取土器衬管内的原状土样形成挤压或贯入太少而不能满足室内土工试验对土试样长度的要求;直推式技术以贯入、推进和振动的方式将小直径空心钢管直接压入地层取样,空心钢管内附有取样器,钻探深度可达 6 m,采集到的样品比较完整,具有很好的代表性;声波钻进(振动钻进)是利用高频振动力、回转力和压力三者结合将钻头切入土层进行钻孔的方法,20 世纪 90 年代以后随着液压等技术的成熟,高频声波钻进技术与设备也随之日益成熟,国外多家公司生产了高频声波钻机,使得这项技术得以广泛应用。

2.2.3　土壤污染状况调查采样技术与设备的现状与需求

上节所述的满足环境土壤采样无扰动要求的钻进工具和工艺,如手工钻探法、探坑法、回转(螺旋)钻探、直接推进钻探(直推式钻探)、锤击钻探(钢索/钢缆冲击钻探),均存在诸多的应用限制。手工钻探法主要是利用简单工具进行人工挖掘,受制于工具和人力,仅适用于浅层松软或中等坚硬地层,钻探深度有限(通常不超过 3 m);探坑法虽然可以从三维角度直观描述地层岩性,但将污染物存在和运移的媒介暴露于空气中会造成污染物变质及挥发性有机物(VOCs)挥发,且探坑法只能在水位以上的地层进行;回转钻探配合特定取芯器(Denison、Pitcher 取样器)也可取得无扰动样品,但回转钻探对土壤的扰动较大,不适用于 VOCs 土壤样品的采集;螺旋钻探不适用于碎石土和岩石地块,应用范围有限;冲击钻不适用于岩石地层,且测量误差大、效率低、人为因素影响大;直推静压式钻机利用自身重力和外加敲击锤的冲击力将钻具直接贯入土壤进行采样,不适用于钻进较深的土层。

我国土壤污染地块调查涉及的地块种类复杂多样,这些地块的地层特性与污染物特征也各有不同,现有的环境调查钻机在采样时存在样品连续性与密封性差、松散地层样品压缩比大、坚硬地层采样难度大、采样量少、样品取芯率低与保真度低等关键问题和技术难点。而声波钻机采用高频振动技术，使坚硬地层共振破碎便于钻具切入土层，具有钻进速度快、能耗较低、钻探深度深、采样量大、样品取芯率高且保真度高、连续无故障作业效果好的特点。因此，高频声波钻机因其优异的弱扰动原位采样技术而逐渐被重视和应用、推广。然而，国外进口设备价格昂贵且售后维修等程序烦琐，国产钻机以引进中低频声波动力头再组装为主，缺乏自主核心技术和自主知识产权，其应用深度和广度受到了一定限制。

土壤污染调查市场具备两大特点：一是体量大。根据《全国污染状况调查公报》，全国土壤总超标率高达16.1%；根据“土十条”要求，全国重点行业企业调查工业退役地块约10万个。二是法律强制性。《中华人民共和国土壤污染防治法》和《江苏省土壤污染防治条例》规定：“用途变更为住宅、公共管理与公共服务用地的，变更前应当按照规定进行土壤污染状况调查。”根据前瞻产业研究院初步预测，未来十年我国土壤调查市场的规模将达到2500亿~3000亿元，而现有钻探装备已无法满足土壤调查市场需求。因此，鉴于高频声波钻机在环境调查钻探设备中拥有诸多优势，下一步将重点介绍高频声波钻机的起源、发展、设备研制与应用现状等。

第3章 <<<

高频声波式原位弱扰动采样技术与设备

3.1 高频声波钻进技术与设备

3.1.1 高频声波钻进技术、设备及适用性

声波钻进又称为回转声波钻进或声波振动钻进，它是利用声波动力头系统产生的高频振动力、主钻轴产生的回转力和钻机液压系统产生的向下压力相结合的方式使钻头钻进土层的一种新型钻探技术方法。相比传统的回转式钻机和直推式钻机，高频声波钻机独有的声波振动动力头系统产生的周期性高频振动力，可以使土壤结构发生瞬时改变，加速钻具的钻进。

振动钻进的本质是通过振动破坏土壤的黏结力，使土壤产生"液化"，从而减小钻具外管与土层间的摩擦阻力，通过激振力降低钻头端土的抗剪强度、减小钻头端钻进的轴向阻力。声波振动钻进的主要工作机理可分为剪切钻进、位移钻进和液化钻进。当以高频声波振动方式钻进饱和土层时，钻机通过钻头切刃，使刃口附近土体产生一定的弹塑性变形，直到土层被剪切破坏，然后使钻头切入土层内部。同时，压缩钻头下部土层，将钻头刃口处饱和或近饱和土体中的水分部分挤出，使得土体被压密，形成超孔隙水压力，当其水压力超过密实土层的重量时，密实土层下深度的土层液化，丧失了剪切强度。钻具在激振力和自重压力的双重作用下穿透超孔隙水压力层，到达液化土层底部，此时呈流态的液化土体在钻杆重力挤压作用下沿着钻杆上升，形成的流体物质降低了钻杆和土体之间的摩擦力，有利于钻进，之后钻具通过位移的方式前进，进入下一个循环取样过程。

自声波钻进技术理论诞生，就有工程师提出将声波钻进技术应用到传统钻机上，然而受限于工业产业的发展，声波钻进技术的应用并不成熟。20 世纪 90 年代，随着液压、自动化等相关行业的发展，声波钻进技术的应用日趋成

熟，国外多家企业相继开展了声波钻机的研发，主要用于环境钻探。随着这项技术的不断改进和发展，目前声波钻机在地基勘察、矿产勘探、地震物探打爆破孔、水井建设和岩土施工等方面也有比较广泛的应用。

3.1.2 高频声波钻进技术的发展与应用

3.1.2.1 国外声波钻进技术的发展与应用

从20世纪初开始，国外就有学者对声波钻进理论产生了兴趣，并进行了初步的理论研究，这是目前已知声波钻进技术的最早来源。自20世纪20年代至今，高频声波钻进技术的发展主要经过了三个阶段：

① 理论研究阶段（20世纪20年代—40年代）：高频声波振动原理的初步研究，以及将其应用到传统钻进技术上的科学构想。

② 技术研发阶段（20世纪40年代—60年代）：基于高频声波振动理论及技术的振动器的研制及试用。

③ 实用化研发和生产阶段（20世纪60年代至今）：高频声波钻进技术趋于成熟，相应的振动器、高频钻机及配套钻具的系统化研究及制造应用。

各个阶段的理论技术研究及设备研制应用情况如表3-1所示。

表3-1 声波钻进技术起源与发展

阶段	时间	技术发展情况
理论研究	1918年	罗马尼亚工程师乔治·康斯坦丁尼斯库（George Constantinesco）在其著作 *A treatise on transmission of power by vibrations* 中提到了超音速理论，这是已知最早关于声波钻进理论的介绍
	1930年	IonBasgan提出了将高频振动应用到传统钻探的理论构想，加快了声波钻进技术的发展
技术研发	1948年	美国研制了一种称为“声钻”的孔底振动器，但由于振动能量过高导致钻进设备损坏而未能成功
	1949年	苏联学者Barkan在国际会议上首次提出声波钻进方法在沉积地层中的钻进效率更高
	1957年	苏联科学家提出高频振动是传统钻进方法速率的3～20倍，并且研发了“VIRO-DRILLING”振动器

续表

阶段	时间	技术发展情况
实用化研发和生产	20世纪60年代	美国发明家 Alvert Bodine 在壳牌石油公司的资助下,与美国罗得岛州 Charles 联合发明了一种大功率高频振动头,在此基础上壳牌石油公司制造出了适用于石油井服务工作和高速打桩的大功率地面振动器
	20世纪70年代	声波钻进技术基于小功率声波动力头的研究,将研究方向转向地表浅孔用小功率振动器,并先后应用到北极地区的物探爆破孔施工及砂金矿的取样领域
	20世纪80年代	声波钻进技术在绿色生态和环境修复领域得到了应用与发展,并且逐渐成为该领域的重要钻探方法
	20世纪90年代	随着声波钻机市场需求的增大,国外很多国家相继进行声波钻进装备的研发,并在相关领域得到了实际应用
	2000年	Bingham 等提出一种由两对同步反转的偏心质量组成的振动沉桩振动器,并对振动器偏心轮相位的控制进行了研究
	2005年	约翰逊设计了一种声波钻振动器,该振动器活塞缸内具有工作活塞,通过交替地将高压流体输入活塞上下腔内,使活塞产生受迫往复运动
	2007年	David 设计了一种液压自配流激振式振动器,利用液流自配流的方式来实现活塞的上下往复振动
	2010年	Kristian 设计了一种声波钻振动头,该振动头由主轴和振动发生器组件组成,其中振动器至少具有一对偏心转子,转子以绕轴旋转的形式配置
	2011年	Murariu 等设计了一种更加简单可靠的声波振动器,其采用摆线齿轮驱动偏心振子,并通过四个传动齿轮保证两个声波振动器同步反向旋转,可以提供更强的钻进能力,耗能与成本均显著降低

3.1.2.2　国内声波钻进技术的发展与应用

我国对高频声波钻进理论与技术的研究较晚,20世纪90年代有学者将国外的高频声波钻进技术介绍到国内,之后国内的一些科研机构及钻探公司在发达国家成熟理论技术和钻探经验的基础上,相继开展了声波钻进技术的研究。熊玉成从声波振动钻进的机理着手,综合分析了岩土层振动钻进的机理、声波振动钻进时的物理特性(力学模型分析、振动频率/振幅/功率)、钻具钻进岩土层的工作机理(碎裂方式碎岩、剪切方式/位移方式/液化方式钻进机理)等,并结合自主研发的钻机进行了验证。钻机的核心部件是高频声波动力头系统,也就是振动器,目前已知的振动器主要有三种类型:机械式振动器、液压式振动器、压电式振动器。张燕选取了这三种振动器所对应的专利进行了结构原理分析，为国产自主核心科技的振动器研发提供了技术参考。声波振动器与钻柱的能量传递是钻机研发中的重点问题之一，钱永行以岩层钻进为例，分析了振动系统的力学特性、振动系统和钻柱参数对钻进岩层的影响，初步得出了声频振动钻进系统破岩力及能量传递的规律。隔振结构是声波振动系统不可或缺的部分，其对振动器稳定工作具有重大的影响。雷玉如分别从隔振技术、隔振效果评价指标、隔振部件理论分析、隔振效果仿真及实验等方面对隔振器进行了较为深入的研究，为隔振器的研发改进提供了参考。

环境调查中涉及的地块地层情况复杂多样，通常具有杂填土、黏土、粉砂、粗砂、细砂、碎石、中风化灰岩、坚硬基岩等。在坚硬地层钻探采样时，钻柱疲劳损伤是不可避免的问题，而在松散地层钻探采样时，样品的有效采集和保存与配套钻具的特性有着莫大关联。钻柱与配套钻具的研制改进一直是高频声波钻机研发中的关键问题，肖京针对振动器质量产生的惯性边界问题，分析了其对钻柱的动力学特性及振动响应产生的影响，同时还对钻柱疲劳寿命问题进行了研究，得出的结论可以指导声波钻机设计和声波钻进生产实践，进而提高声波钻进机具及钻杆的使用寿命，减少钻井事故的发生。郁盼从钻柱套管损坏的影响因素入手，指出在沉管（钻进）阶段、套管接头应力集中时会发生损坏。梁成华、王振等研究了适用于松散地层钻探采样的配套钻具，并进行了试验验证。

液压技术应用于钻机始于20世纪40年代，1968年第一台全液压钻机问世。随着液压、自动化等相关行业的发展，全液压顶驱式钻机得到迅猛发展和推广、应用，目前已成为主流形式。电液比例技术是现代控制工程的基本构成之一，庞海荣对全液压钻机电液比例技术的应用进行了研究，系统分析了回转系统工况、给进起拔系统工况、钻具夹紧及拧卸回路工况、调幅回路工况，结果表示电液比例技术对改造传统的开关控制型全液压钻机液压系统具有必要性和可行性，其可以简化系统组成和操作，完善系统功能，提高系统效率和自动化程度。胡志坚和宋海涛分别研究了钻机负载自适应液压控制系统、履带钻机负载敏感液压系统，针对钻探的复杂情况建立了相关的模型，并利用理论分析和计算机仿真模拟技术，对液压系统的静动态特性、影响因素进行了深入分析和研究，为设计、选择和优化系统结构参数提供了必要的理论依据。

3.1.3　高频声波钻机的发展与应用

20 世纪 60 年代，美国、苏联相继研发了适用于孔底或只依靠振动而不具备回转功能的振动器，这为后来声波振动钻机的研制打下了基础；70 年代，美国的 Ray Roussy 和他的助手设计了一种低频振动钻机，并在油田、砂土地层和冰冻层实验成功；1976—1983 年，一家加拿大的公司成功发明了一种小型振动钻探设备。90 年代后，随着液压、自动化等相关行业的发展，声波钻进技术日趋成熟，国外多家企业相继开展了声波钻机的研发。1994 年，RSI 公司与美国能源部和西北大西洋国家实验室签订关于进一步提高高频振动钻孔方法进行合作研究和发展的协议，该协议成果用于美国能源部门和一些秘密部门。他们当时研究的领域包括不用注入水或钻井液取得近乎原样岩心试样的连续岩心取样技术和减少间接废弃物产生的技术，同时在取样技术、增加钻杆寿命、提高高频动力头可靠性和扩孔以便容纳安装设备来修复井孔方面进行了一些改进。

与此同时，一些设备制造商（如美国的 VersaDrill 国际公司、AckerDrill 公司、Gus Pech 制造公司，加拿大的 Sonic Drilling 公司等）与钻进承包商（如美国的 Boart Longyear 公司、BowserMorner 公司、Prosonic 公司，加拿大的 Sonic Drilling 公司等）也都为声波振动钻机的研制投入了巨大的人力和物力。

国外高频声波钻机行业较为成熟的典型代表公司主要有美国 Boart Longyear 公司、荷兰 Eijkelkamp SonicSampDrill 公司、加拿大 Sonic Drilling 公司、日本 Tone Boring 公司，它们的代表性产品分别有 LS250MiniSonic 型和 LS 600 型声波钻机，SRS 型、CRS 型、MRS 型和 LRS 型声波钻机，Sonicmeta-Drill 声波钻机，SP-50 型声波钻机等，此类钻机在土壤环境调查等相关领域得到了广泛应用。

国内高频声波钻机的研制和应用尚处在初步发展阶段，在引进和使用国外先进设备的同时，国内的机构和公司也在积极地进行自主研发。2007 年，中国地质大学（北京）最早研发出 SDR-100 型声波钻机，之后北京探矿工程研究所在 2010 年研制出 TGSD-50 型声波钻机。2011 年，中国地质大学（北京）和中国煤炭地质总局第二勘探局联合研制出 YSZ-50 型声波钻机，并在次年推出其联合研制的全液压式声波钻机，这是我国首台全液压式声波钻机，实现了我国环境取样专用钻机零的突破。随着高频声波钻机研发的热潮，无锡金帆钻凿设备股份有限公司首先研发出 YGL-S100 型声波钻机，该钻机具有地层适应性强、钻孔速度快、钻孔质量好、样品无扰的特点。紧接着,中国煤炭地质总局第二勘探局又研发出 MGD-S50 Ⅱ型声波钻机,主要用于污染地块土壤环境调查、尾矿坝勘察、环境监测井等领域。2018 年,南京中荷寰宇环境科技有限公司在国内外声波钻机技术调研分析的基础上设计了一种双组振子结构声波动力头,制造出 ZHDN-SDR 150A 型高频声波钻机,该钻机的核心部件高频声波动力头系统为完全自主研发,已在数十个不同污染类型和地质环境的地块进行了现场验证和商业应用。

3.1.4 国内外高频声波钻机采样装备及应用对比分析

3.1.4.1 国外知名厂商及其典型产品简介

国外声波钻机制造设备商主要有美国 Boart Longyear 公司,荷兰 Eijkelkamp SonicSampDrill 公司、日本 Tone Boring 公司等。

(1)美国 Boart Longyear 公司的声波钻机

1)LS250MiniSonic 型声波钻机

LS250MiniSonic 钻机是 Boart Longyear 公司生产的一种小型声波钻机,它有助于增强在不利条件下的浅层地层勘探钻进的竞争能力,适用于环境监测、岩土工程勘察等领域。该钻机的主要特点:① 配置了 MiniSonic 型声波动力头,最大振动频率为 75 Hz,激振力为 182 kN,且该声波动力头可以倾斜更方便钻杆处理,循环时间更短,大大提高了钻进效率,缩短了钻进时间。② 配置了 119 kW Cummins QSB 型号的发动机,最大钻进深度可达 61 m,完全满足环境钻探所需深度。③ 配置了不同尺寸钻具,钻孔直径为 76~305 mm,可以满足不同场景的取样需求。④ 配置了高可浮性橡胶履带,该履带宽 600 mm,接地压力小,适用于沼泽或潮湿的地面等环境敏感地形。

LS250MiniSonic 型声波钻机主要技术参数:钻进深度可达 61 m,最大振动频率为 75 Hz,激振力为 182 kN,功率为 119 kW,钻孔直径为 76~305 mm,岩土样直径为 95~203 mm,最大输出扭矩为 2400 N·m,给进力为 24 kN,起拔力为 66 kN,行走速度为 6.25 km/h,整机质量为 11.5 t。

2)LS 600 型声波钻机

LS 600 型声波钻机适用于钻进深度更深、操作平台更大的场景。该钻机的主要特点:① 配置了能够达到 150 Hz 的 BL-150 型高频声波动力头,其激振力可以达到 222 kN,大大提高了钻进效率。② 发动机型号为 Caterpilliar C

6.6,功率为168 kW,能够达到182 m的钻进深度,且在覆盖层和软岩层的取芯率可以达到100%。③ 可以连续钻取直径为305 mm以下的土壤,取样场景范围更大。

LS 600型声波钻机主要技术参数:钻进深度可达182 m,最大振动频率为150 Hz,激振力为222 kN,功率为168 kW,钻孔直径为305 mm,最大输出扭矩为3660 N·m,给进力为40.5 kN,起拔力为67.5 kN,最大行走速度为11 km/h,整机质量为17.7 t。

(2) 荷兰Eijkelkamp SonicSampDrill公司的声波钻机

荷兰Eijkelkamp SonicSampDrill公司目前共有4个型号的声波钻机,所有型号钻机的声波振动频率都能达到150 Hz,且能根据不同土层情况,配置不同取样钻具。

1) SRS型声波钻机

SRS型声波钻机是世界上最小的声波旋转钻机。该钻机的主要特点:① 配置了高频声波动力头和旋转动力头,振动频率高达150 Hz,激振力为100 kN,且采用声波振动与旋转结合,大大提高了钻进效率。② 配置了75 kW的发动机,钻进深度为50 m,可以满足环境调查的不同采样要求。③ 根据不同地质条件配置了不同钻具和钻头。对松软(散)土层取样,可以采用AquaLock采样器系统取样器;对硬质、紧密土壤取样,可以采用Core Barrel取样器;对岩石、卵石等地层取样,可以采用Core Barrel Dual sampler取样器。总体可以达到上覆地层100%,其他土层95%以上的取芯率。

SRS型声波钻机主要技术参数:钻进深度可达30 m,最大振动频率为150 Hz,激振力为100 kN,功率为75 kW,钻孔直径为125~300 mm,最大输出扭矩为1400 N·m,给进力为40 kN,起拔力为60 kN,整机质量为4.5 t。

2) CRS型声波钻机

CRS型声波钻机是一种多功能钻机,适用于所有的上覆地层的钻进,其冲击(软)钻进速度非常快,效率非常高,是一种理想的钻进设备。该钻机的主要特点:① 配置了CompactRotoSonic声波动力头,动力头主轴由回转马达驱动、振动器包含在框架中,在振动器和框架之间使用的减振材料是剪切刚度极大的复合橡胶材料,具有150 Hz的振动频率,激振力达150 kN。其配置的4速旋转钻头可以在坚硬基岩中钻进,钻进效率非常高。② 配置了129 kW的大功率发动机,钻进深度达75 m,可以满足环境调查的一切需求。

③ 典型取样直径为 115 mm,可以适配 SRS 型声波钻机的钻具。

CRS 型声波钻机主要技术参数:钻进深度可达 75 m,最大振动频率为 150 Hz,激振力为 150 kN,功率为 129 kW,典型取样直径为 115 mm,最大输出扭矩为 3000 N · m,给进力为 50 kN,起拔力为 100 kN,整机质量为 10. 25 t。

3) MRS 型和 LRS 型声波钻机

MRS 中型声波钻机和 LRS 大型声波钻机相比于前两种类型的声波钻机来说,配置更大功率发动机、更大扭矩动力头等,可以满足更深的钻进深度,适用于所有上覆地层和坚硬岩石钻探工作,应用领域为环境工程钻探与取样、矿产开发、岩土工程取样和测试、地震爆破井钻探、岩土施工钻探、地热钻探等领域。

MRS 型声波钻机主要技术参数:钻进深度可达 175 m,功率为 129 kW,钻孔直径为 125~300 mm,最大振动频率为 150 Hz,最大输出扭矩为 7200 N · m,给进力为 100 kN,起拔力为 100 kN,整机质量为 15 t。

LRS 型声波钻机主要技术参数:钻进深度可达 300 m,功率为 236 kW,钻孔直径为 125~300 mm,最大振动频率为 150 Hz,最大输出扭矩为 2400 N · m,给进力为 100 kN,起拔力为 100 kN,整机质量为 52. 5 t。

(3) 日本 Tone Boring 公司的声波钻机

SP-50 是利根环保钻机中的小型声波钻机,适用于环保调查、监测井、土壤污染修复等领域。该钻机的主要特点:① 配置了液压马达驱动振动器,振动器频率为 64. 5 Hz,最大激振力为 63 kN,钻进效率与其他公司相比较小。② 柴油发动机的输出功率为 19. 6 kW,另外配置了 16. 8 kW 的辅助发动机(动力头旋转用),能够达到环境调查的采样深度。③ 钻孔直径为 60~230 mm,可以满足环境调查的取样直径。

SP-50 型声波钻机主要技术参数:钻进深度可达 30 m,最大振动频率为 64. 5 Hz,最大激振力为 63 kN,功率为 19. 6 kW,钻孔直径为 60~230 mm,最大输出扭矩为 4460 N · m,给进力为 20 kN,起拔力为 93. 2 kN,整机质量为 4. 4 t。

3.1.4.2 国内知名厂商及其典型产品简介

国内从事高频声波钻机制造的主要有中国地质大学(北京)、中国煤炭地质总局第二勘探局、无锡金帆钻凿设备股份有限公司、南京中荷寰宇环境科技有限公司等,这些高频声波钻机主要用于土壤污染环境调查。

（1）中国地质大学(北京)研发的声波钻机

2007年,中国地质大学(北京)地质超深钻探技术国家专业实验室成功研发国内首台声波钻机样机SDR-100。该钻机的主要特点:① 采用液压顶驱声波振动头结构,主要由振动器、回转马达和减速箱构成。振动器通过两个高速马达驱动,隔振器采用碟形弹簧减振结构,振动频率可达150~180 Hz,激振力为112 kN。② 采用柴油发动机,发动机功率为27.5 kW,理论钻进深度为30 m,但该钻机激振力的传递效果较差,实际应用中,钻进深度不足20 m,振动头上的竖向螺栓容易被高频振动所剪断。

SDR-100声波钻机的主要技术参数:最大钻进深度可达20 m,最大振动频率为180 Hz,激振力为112 kN,功率为27.5 kW。

（2）中国地质大学(北京)与中国煤炭地质总局第二勘察局联合研发的声波钻机

2011年,中国地质大学(北京)联合中国煤炭地质总局第二勘察局(以下称二勘局)成功研发国内首台履带式声波钻机YSZ-50。该钻机的主要特点:① 振动头采用全新的结构形式。与SDR-100相比,YSZ-500振动头没有减速箱结构。振动器没有采用竖向螺栓连接,可避免被高频振动所剪断;隔振器材料采用金属橡胶,减振性能较好;增加了同步轮-同步带强制同步结构,振动频率高达200 Hz,激振力达140 kN,大大提高了钻进效率。② 采用全液压驱动,配备了131 kW的柴油发动机,振动深度为50 m,基本满足环境调查的需求。③ 通过工业性生产试验,累计取样深度达47.4 m,填补了国内声波振深50 m的浅层勘探取样领域的空白。

YSZ-50声波钻机的主要技术参数:钻进深度可达50 m,振动频率为0~200 Hz,最大激振力为140 kN,功率为131 kW,最大输出扭矩为2433 N·m,最大起拔力为62 kN,最大给进力为31 kN,整机质量为5.5 t。

（3）中国煤炭地质总局第二勘察局的声波钻机

在对YSZ-50型钻机进行广泛实验暴露问题的情况下,中国煤炭地质总局第二勘察局对整机结构、液压系统、声波动力头等方面进行了优化,于2015年试制成功MGD-S50Ⅱ型声波钻机。该钻机的主要特点:① 采用派克马达声波动力头,动力头采用整体式框架结构和侧面橡胶减振方式,力学结构合理,性能可靠。最大振动频率可达150 Hz,激振力高达156 kN,平均机械钻速达2.8 m/min,是常规钻机钻速的2~3倍;② 配置了6 BTAA-C 150型东风康明斯柴油发动机,发动机功率优化为 112 kW,钻进深度为 50 m。③ 针对不同地层采用不同钻具。针对回填土、粉土等含水量较小的地层,采用 108 mm 半合管钻具;针对粗砂土层夹卵石层,采用 89 mm 岩心管全管钻具;针对淤泥层,采用 100 mm 捞砂筒钻具,在各种地层的取芯率可达 94%以上。

MGD-S50Ⅱ型声波钻机的主要技术参数:钻进深度可达 50 m,振动频率为 150 Hz,激振力为 156 kN,功率为 112 kW,最大输出扭矩为 1800 N · m,最大给进力为 58 kN,起拔力为 128 kN,行走速度为 1. 5 ~ 3 km/h,整机质量为 6. 5 t。

(4) 无锡金帆钻凿设备股份有限公司的声波钻机

无锡金帆钻凿设备股份有限公司引进原装进口声波动力头,研发 YGL-S 系列声波钻机。其中,YGL-S50 型钻机结构紧凑、小巧灵活,主要用于环境污染取样施工,可调查土壤污染、地下水重金属、二噁英和挥发性有机物以及油污等污染问题。而 YGL-S100 型声波钻机适用于钻进更深的环境勘测孔、勘测井以及地源热泵采集孔等领域。YGL-S200 型声波钻机的主要特点:① 引进德国原装进口声波动力头,最大振动频率为 100 Hz,相比于整机进口,性价比较高。② 发动机功率为 160 kW,能够满足钻进深度 200 m 以内的钻探要求。③ 钻孔直径为 76 ~ 168 mm,可以更好地对样品进行检测。

YGL-S200 声波钻机的主要技术参数:钻进深度可达 200 m,最大振动频率为 100 Hz,激振力为 200 kN,功率为 160 kW,钻孔直径为 76 ~ 168 mm,最大输出扭矩为 9300 N · m,给进力为 50 kN,起拔力为 75 kN,整机质量为 12 t。

(5) 南京中荷寰宇环境科技有限公司的声波钻机

南京中荷寰宇环境科技有限公司于 2018 年研制出 ZHDN-SDR 150A 型高频声波钻机,该钻机的主要特点:① 核心部件高频声波动力头系统为自主研发。② 配备了适用于不同地层(松散软弱、中等坚硬、坚硬)的钻具。③ 已在数十个不同污染类型(电镀、印染、焦化、化工)和地质环境的地块进行了现场验证和商业应用。

ZHON-SDR 150A 型声波钻机的主要技术参数:钻进深度可达 35. 3 m,最大振动频率为 165 Hz,激振力为 99 kN,功率为 56 kW,钻孔直径为 85 ~ 150 mm,平均取芯率为 95%,最大输出扭矩为 1860 N · m,最大给进力为 58. 54 kN,最大起拔力为 57. 92 kN,整机质量为 5. 4 t。

3.1.4.3　国内外高频声波钻机对比分析

国内外声波钻机主要技术参数已列入表 3-2。

表 3-2　国内外声波钻机主要技术参数对比

制造商	钻进深度/m	振动频率/Hz	激振力/kN	最大输出扭矩/(N·m)	给进力/kN	起拔力/kN	功率/kW	整机质量/t
美国 Boart Longyear 公司	61	0~75	182	2400	24	66	119	11.5
	182	0~150	222	3660	40.5	67.5	168	17.7
荷兰 Eijkelkamp SonicSampDrill 公司	30	0~150	100	1400	40	60	75	4.5
	75	0~150	150	3000	50	100	129	10.25
	175	0~150	—	7200	100	100	129	15
	300	0~150	—	2400	100	100	236	52.5
日本 Tone Boring 公司	30	0~64.5	63	4460	20	93.2	19.6	4.4
中国地质大学(北京)	20	0~180	112	—	—	—	27.5	—
中国地质大学(北京)联合中国煤炭地质总局第二勘察局	50	0~200	140	2433	62	31	131	5.5
中国煤炭地质总局第二勘察局	50	0~150	156	1800	58	128	112	6.5
无锡金帆钻凿设备股份有限公司	200	0~100	200	9300	50	75	160	12
南京中荷寰宇环境科技有限公司	35.3	0~165	99	1860	58.54	57.92	56	5.4

通过对国内外典型钻机的调研及各种技术参数对比(表 3-2)可以发现:国外声波钻机制造技术趋于成熟,国内科研机构与相关研发企业目前处于起步阶段,与国外声波钻机相比还存在不足。通过对上文资料的综合分析,我国高频声波钻机的性能差异具体表现在以下几个方面。

(1) 振动器结构

高频声波动力头的核心部分是振动器。振动器的结构可以分为机械式、液压式和压电式三种类型。其中,机械式振动器结构复杂,存在摩擦及机械负荷大等问题;而液压式振动器结构比机械式简单,并且克服了机械式振动器存在的问题。目前,国外声波钻机多采用液压式结构。近年来,声波钻机在国内的自主研发已取得一些成果,振动器结构也由机械式振动器向液压振动器的方向发展,但对比国外先进振动器结构,还存在一些不足。

(2) 振动器性能参数

① 振动频率。在钻进过程中,上层一般为松软(散)土层,需要高频率、小扭矩的声波动力头;下层为坚硬地层,需要低频率、大扭矩的声波动力头。因此,在设计声波动力头时,需要设计两种类型:低频率、大扭矩;高频率、小扭矩。根据国内外关于振动频率和最大扭矩的技术参数对比得出,我国在这方面还存在不足。

② 激振力。声波钻进实质是以高频振动和激振力克服地层对钻具的摩擦阻力。在合理的振动频率基础上,想要克服摩擦力,就要尽量通过提高激振力来增大对土的冲击力。我国声波钻机的激振力技术参数相对国外来说,还存在一定差距。

(3) 配套钻具和钻头性能

① 钻具。在钻进过程中,钻具既受到高频振动作用的影响,又受到土壤的摩擦力,所以对于钻具的材质要求较高。国外对钻具的研究较早,目前多采用新型材料,不仅能抵抗高频振动与土壤的摩擦力作用,还能抵抗土壤中污染物的侵蚀。

② 钻头。在持续研发个性化钻头的同时,国外公司又先后研发了锥形、旋转和多维等多种创新型设计的切削尺及混合式钻头。相比之下,国内钻头的设计能力差,材料种类少,制造技术更新换代慢。

(4) 智能化水平与机械加工制造技术水平

国内声波钻机设计理念落后,还停留在机械化上,智能化和自动化水平不高,而国外智能化、自动化水平较高,可使钻机实现多种工艺和单人操作。

整机工业化水平存在差距,体现在机械加工制造技术、材料多样性及热处理方式等方面。

3.2 高频声波钻进设备的工作原理

3.2.1 高频声波钻进采样设备总体技术构造概述

高频声波钻机的主机部分包括声波动力头系统、液电控制系统、配套钻具系统、立柱系统、夹持系统、抓排杆系统、履带底盘系统,辅机系统包括声波动力头支架系统、固定立柱系统、立柱左轨系统、立柱右轨系统、横梁系统、横梁轨系统、柴油发动机、柴油油箱、高压油管、液压油缸、高弹联轴器、液压油泵、板式液压油散热器、液压绞车、液压马达、高压水泵、泥浆泵、绞车悬臂系统、水箱系统、液压油箱系统、钢铝拖链系统、机外壳系统、推土装置系统、履带底架系统等。

声波动力头系统是钻机的核心部分，其产生的高频声波振动为钻机提供持续稳定的高频声波动能，以保证钻具可以快速切入土层取得弱扰动的原位土壤样品。液电控制系统包括电气控制系统和液压控制系统两部分，其中电气控制系统由钻机机身的各种电器元件组成，而液压控制系统则由机身的各种液压油缸、油管及控制阀组成。液电控制系统对钻机机身各种传感器参数进行收集，然后传输到主控制平台进行信号处理，从而实现钻机的行走与采样工作。配套钻具系统包括单管式钻具系统和双管式钻具系统，前者可以针对坚硬的地层迅速钻进，以提升钻进速度和工作效率，后者则针对中等硬度与松散软弱地层实现高取芯率的采样。

其余的主机系统（包括立柱系统、夹持系统、抓排杆系统、履带底盘系统）以及辅机系统（包括声波动力头支架系统、固定立柱系统、立柱左轨系统、立柱右轨系统、横梁系统、横梁轨系统、柴油发动机、柴油油箱等）共同构成了钻机的主框架部分，保障动力头系统的移动和作业，钻机的行走和钻探采样，钻具的取用更换，以及弱扰动原位土壤样品的获得。

3.2.2　动力头系统的技术功能及原理

3.2.2.1　高频声波动力头系统工作原理

高频声波动力头系统工作原理如图3-1所示。动力头系统振动部分利用一对液压马达带动一对转动曲柄，以驱动一对偏心滚轮相向旋转，此时偏心滚轮产生不平衡力，形成垂直于主轴和钻杆的上下高速运动的高频振动力；动力头系统主轴部分由液压马达直接驱动，产生低速大扭矩的回转力；钻机液压系统产生巨大的液压力，通过立柱部分的滑动装置使动力头系统拥有向下的压力。高频振动力、回转力、向下的压力三者结合，作为钻机钻进的主要动力，使钻柱和环形钻头快速切入土层甚至风化岩层。

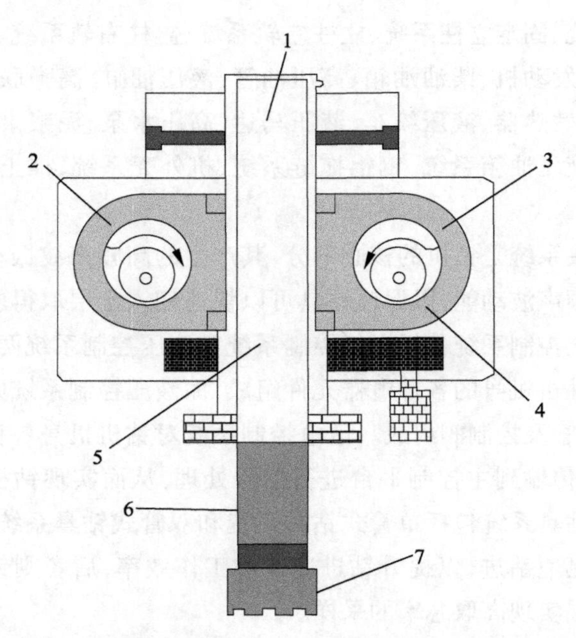

1—向下的压力；2—振子 A 顺时针旋转；3—振子 B 逆时针旋转；4—高频振动力；5—回转力；6—主轴；7—高强度合金钻头。

图 3-1　声波动力头系统工作原理示意图

（1）声波振动模型分析

声波振动模型如图 3-2 所示。动力头系统的液压马达驱动转动轴，带动偏心振子以一定的速度旋转，此时振子系统产生周期性的离心力。振子系统通过主轴和钻柱带动钻具产生激振力，使土壤发生液化；同时，在钻具自身的重力和动力头系统向下的压力的共同作用下，钻具可以迅速钻进地层。

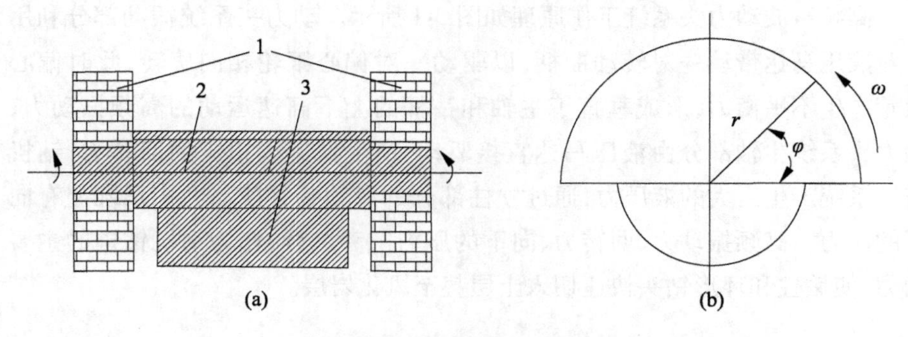

1—高速轴承；2—偏心轴；3—偏心块。

图 3-2　声波振动模型示意图

偏心激振力为

$$F_0 = m\omega^2 r \tag{3-1}$$

竖直方向的激振力为

$$F = F_0 \sin\varphi = F_0 \sin(\omega t) \tag{3-2}$$

式中：m 为偏心块的质量；ω 为偏心块的角速度；r 为偏心块的偏心距；φ 为转过的角度；t 为转动的时间。

（2）振动系统的运动学模型分析

声波振动产生的机械振动属于简谐激励作用下的单自由度强迫振动，其振动部分产生的振动力为周期性的正弦力。如果将整个钻进过程视为理想状态，那么对钻进模型可以做如下假设：① 钻具为刚体；② 土壤为弹塑性体；③ 振动钻进过程中，系统仅为垂直振动；④ 振动钻进过程中，土壤为均质。若设定土壤为弹塑性体，其阻尼系数为 c、弹性系数为 k，则由声波振动系统的振动器、钻具与土层构成的振动系统可简化为单自由度的弹簧质量系统，其运动模型如图 3-3 所示。

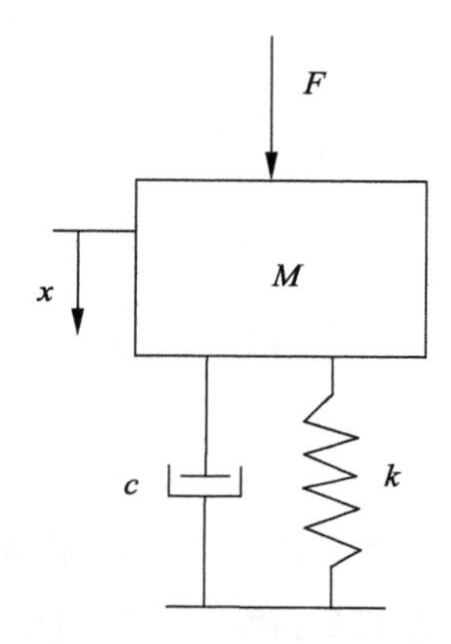

图 3-3　钻进系统动力学模型

图 3-3 中，F 为偏心轴产生的竖直方向的惯性激振力，M 为振动头及钻具的总质量，x 为竖直方向的位移。

钻进系统的运动微分方程为

$$F = M\ddot{x} + c\dot{x} + kx \tag{3-3}$$

可简化为

$$m\omega^2 r\sin(\omega t) = M\ddot{x} + c\dot{x} + kx \tag{3-4}$$

令阻尼系数 $\alpha = \dfrac{c}{2M}$，系统的固有频率 $\omega_n^2 = \dfrac{k}{M}$，则式（3-4）可简化为

$$\frac{m}{M}\omega^2 r\sin(\omega t) = \ddot{x} + 2a\dot{x} + \omega_n^2 x \tag{3-5}$$

此微分方程的解为

$$x(t) = A\sin(\omega t - \phi) \tag{3-6}$$

式中：A 为起始振幅；ϕ 为偏心激振力与位移之间的相位差。

对于振动过程而言，激振力 F_0 随角速度 ω 的变化而变化。因此，式（3-6）可变形为

$$x(t)=A_0\beta\sin(\omega t-\phi) \tag{3-7}$$

式中：A_0 为静变位，$A_0=\frac{F_0}{M\omega_n^2}=\frac{F_0}{k}$；$\zeta$ 为相对阻尼系数，$\zeta=\frac{\alpha}{\omega_n}$；$\beta$ 为振幅放大系数，$\beta=\frac{A}{A_0}=\frac{1}{\sqrt{(1-\lambda^2)^2+(2\zeta\lambda)^2}}$；$\lambda$ 为频率比，$\lambda=\frac{\omega}{\omega_n}$。

振幅为

$$A=A_0\beta=\frac{A_0}{\sqrt{(1-\lambda^2)^2+(2\zeta\lambda)^2}} \tag{3-8}$$

ϕ 相位角为

$$\phi=\arctan\frac{2\zeta\lambda}{1-\lambda^2} \tag{3-9}$$

系统的加速度为

$$a=\omega^2A_0\beta\sin(\omega t-\phi) \tag{3-10}$$

$$a_{\max}=\omega^2A \tag{3-11}$$

由公式(3-11)可知，在钻进过程中，钻具的加速度与系统频率和振幅均成正比关系；相较于增大振幅，增大系统频率可以获得更大的加速度。另外，根据前文的分析，当振动频率接近系统的共振频率时，振幅最大，这意味着相应的振动加速度也最大。因此，在研制声波钻机时，应该根据上述分析设计合理的频率和振幅。

综合上述分析可知，振幅、振动频率、激振力是声波振动钻进的关键因素，而振动马达的功率决定了振幅和振动频率的变化。因此，分析这些因素对声波振动钻进产生的影响具有重要意义。

3.2.2.2　声波钻进机理研究

(1) 钻进系统工作原理分析

在高频声波钻机钻进过程中，钻具会受到多种力的作用，包括钻具自身的重力、液压系统产生的向下的压力、高频声波动力头系统产生的竖直方向上的周期性激振力、钻头端面的土壤阻力以及钻具外套管与土壤的摩擦阻力。由图 3-4 所示的钻具受力分析可知，钻机在土层钻进时，主要需要克服钻头端面的土壤阻力和钻具外套管与土壤之间的摩擦阻力。

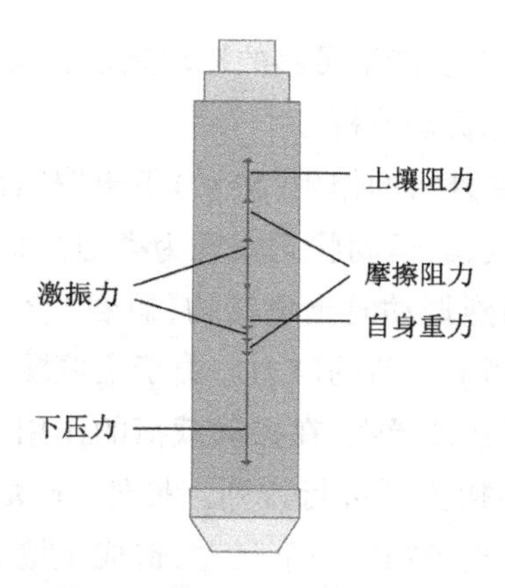

图 3-4　钻具受力分析示意图

现假设整个钻进过程为理想状态,对整个钻进系统做如下分析:

① 钻具视作均质的刚体。土壤对钻具的作用力为弹性支承,此时钻具与土层可以视作一个单自由度的振动系统。当声波动力头系统的振动频率与钻具的固有频率接近时,由于共振作用,钻具产生纵向的最大幅度振动,从而快速钻进土层。

② 钻具视作均质的弹性体。当声波动力头系统的振动频率与钻具的固有频率接近时,钻具在共振作用下产生极大的弹性形变,其运动速度大于土层的反弹速度。钻具和土层的运动速度不一致,导致土壤颗粒之间的黏结力被高速运动的钻具破坏,从而产生土壤液化现象。钻具在产生弹性形变的过程中,其横截面也会产生伸缩变化,当横截面收缩时,其与土壤之间的压力减小,即摩擦阻力减小。

③ 声波动力头系统、钻具和土层视作统一的系统。当钻具的振动频率与土壤颗粒的固有频率接近时,钻具附近的土壤颗粒产生共振,此时这些土壤颗粒由于具有一定的速度和加速度,其与钻具之间由紧密接触变为瞬时分离。土壤颗粒脱离钻具,导致钻具与土壤之间的摩擦阻力迅速减小甚至消失,使得钻具可以低(无)阻碍向下切入土层。

由以上三种理论分析可以看出,声波动力头系统产生的振动使得钻具与土壤颗粒发生共振,导致土壤颗粒之间的黏结力被钻具破坏,从而使土壤产生液化现象,减小了钻具与土壤颗粒间的摩擦阻力。同时,声波动力头系统产生的竖直方向的激振力降低了土壤的抗剪切强度,使得钻头更容易切入土壤。总体而言,在高频声波钻机钻探采样的过程中,为了达到良好的钻进效果,应该保证声波动力头系统产生足够的振动频率和激振力。

(2) 土壤的振动液化机理分析

土壤液化现象是指在外力的作用(振动)下土壤结构发生改变,土壤颗粒产生一定的速度和加速度,其运动状态表现为类似液体流动的状态。相关的研究结果表明,在受到强烈振动时土壤结构(颗粒)会产生一定的惯性力,此时土壤颗粒之间彼此碰撞形成新的应力。由于土壤颗粒的密度、颗粒之间的排列方式、含水率等均存在差异性,在振动载荷的作用下,土壤颗粒之间的作用力发生改变,导致其结构重新进行排列。另外,土壤中的水分子在钻具的压力作用下向上运动,而土壤颗粒向下运动,造成土壤表面充满液态的水,呈现出液化的状态。水分子排出之后,土壤颗粒之间的水压力也逐渐减小,其结构再次发生变化;当水分之间的压力重新作用于土壤颗粒之上时,土壤颗粒之间达到了新的平衡。

如果钻进时的振动强度不足以使土壤结构发生变化,那么土壤颗粒就不会产生变形,从而土壤的整体强度也就不会发生变化;当钻进时的振动达到足够强度时,在振动冲击载荷的作用下土壤颗粒产生变形,此时振动和冲击载荷使土壤的内部结构和黏结力发生破坏,土壤颗粒受迫振动导致液化现象发生。国内外相关试验结果表明,松散黏土和饱和细砂土容易产生液化现象,而密实黏土和密实砂土不容易产生液化现象。

(3) 土壤的应力-应变关系分析

土壤在钻具周期性振动冲击载荷的作用下发生形变,主要包括弹性形变和塑性形变。当加载于土壤颗粒的冲击载荷较小时,土壤主要表现为弹性形变;随着冲击载荷的不断增大,土壤开始逐渐产生塑性形变。

土壤的应力-应变关系曲线如图 3-5 所示。当施加的应力较小时,所引起的土壤的应变很小,冲击载荷对土壤颗粒之间的黏结力变化影响很小,无法对土壤整体结构造成破坏;一旦外力消失,土体的结构便恢复为原始状态,如图中的 *OA* 段和 *OA′* 段所示。随着外加应力的不断增大,土壤颗粒之间的黏结力逐渐遭到破坏,导致土壤结构发生变化,此时土壤颗粒进行重新排列,最终土壤产生较大的塑性形变,如图中的 *AB* 段所示。到达 *BC* 段时,随着应力继续增大,土壤颗粒的结构经过重新排列而变得更加密实,此时即使施加更大的应力,土体也不会产生较大的形变,此阶段为土体的强化阶段。当应力继续增大到 *CD* 段时,土壤颗粒结构被破坏而出现更大的形变。最终,当应力达

到 DE 段时，在应力的影响下，土壤的密实性进一步加强，其强度变得更大。

对于横向应力不变的土壤，在 OA' 段的弹性形变阶段之后，其土壤结构便逐渐被破坏，应变随着应力的增大而很快达到极限强度 B'。钻机振动钻进时，声波动力头系统的振动带动钻具产生周期性的上下往复运动，当激振力大于土壤强度且高频振动破坏了土壤颗粒之间的黏结力后，土壤将很快地出现塑性变形。

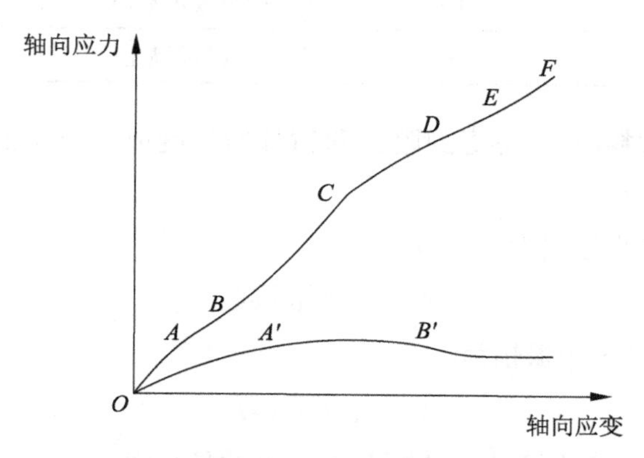

图 3-5　应力-应变关系

（4）振幅、振频、激振力及功率对声波钻进的影响分析

1）振幅的影响分析

振幅是声波振动钻进的重要参数之一，其大小对钻机的钻进效果有直接的影响。声波振动钻进时，根据土壤的应力-应变关系，当钻具的振幅小于土壤的弹性压缩量时，土体只产生塑性变形，钻具无法钻进；当振动器产生的激振力大于钻具侧面受到的摩擦阻力和钻头端面的阻力，并且钻具的振幅大于土壤的弹性位移量时，钻具才能钻进，该振幅即为声波振动正常钻进所需的最小振幅。

最小振幅是保证钻具能正常钻入土层的关键指标，其大小与土壤本身的性质有关。简而言之，最小振幅的大小与土壤标准试验贯入数值 N 有关。因此，了解不同种类土壤的标准贯入值 N 是保证钻机能正常钻入土层的基本要求，也是钻机研制的前提。不同种类土壤的准贯入值 N 见表 3-3。

表 3-3 不同种类土壤的标准贯入值 N

砂土	N	黏土	N
极疏松砂土	0~4	软黏土	2~4
疏松砂土	4~10	中等硬度软黏土	4~8
中等密度砂土	10~30	硬黏土	8~15
密实砂土	30~50	中等硬度硬黏土	15~30
极密实砂土	735	极硬黏土	730

对于钢制材料而言，考虑到阻力和钻具的长度成一定比例，最小振幅的计算公式如下所示：

砂质土的最小振幅为

$$A_{\min}=\sqrt{0.8N+L} \tag{3-12}$$

黏土、淤泥质土的最小振幅为

$$A_{\min}=\sqrt{1.6N+L} \tag{3-13}$$

式中：A 为振幅；N 为土壤的标准贯入值；L 为钻具长度。

由土层性质与振幅的关系公式可以得出，在松散砂土、黏土层中振动钻进所需的最小振幅比在密实的砂土、黏土中要小，此分析为高频声波钻机及其配套钻具的研制提供了理论依据和技术参考。

2）振频的影响分析

声波动力头系统产生的频率决定钻具的最大振幅，依照前文所述，当声波动力头系统产生的振动频率与钻具的固有频率极其接近甚至相同时，钻具获得最大振幅。为得到最大钻进速度，在设计高频声波动力头系统时，应该使其振动频率尽可能接近钻具的固有频率，此时钻具系统发生共振，使得钻进速度最快。

钻具的固有频率计算公式：

$$f_0=\frac{1}{2\pi}\sqrt{\frac{k}{m}} \tag{3-14}$$

式中：f_0 为钻具的固有频率；k 为钻具的弹性系数；m 为钻具的总质量。

由式(3-14)可知，钻具的固有频率仅与钻机本身材料的性质（弹性系数）及质量有关。

声波动力头系统的振动频率计算公式：

$$f=\frac{\omega}{2\pi} \tag{3-15}$$

式中：f 为声波动力头系统的振动频率；ω 为偏心振动系统的角速度。

为了达到更好的钻进效果，需要根据钻具类型及地层条件，通过控制振动系统的振子转速对声波动力头系统的振动频率进行调整，使其与钻具的固有频率尽量接近甚至相同。

根据振动沉桩的经验，不同地层振动器的最佳钻进频率范围见表 3-4。提高振动频率一方面可以减少地层对钻具周围的摩擦阻力，另一方面相比提高振幅更能有效地提高钻具的钻进速度。然而，振动频率过大会引起系统功率的增加，导致钻机能耗增大。因此，要根据地层和实际钻进情况及时调整振动频率，平衡能耗与钻进速度的关系。

表 3-4　振动频率参考值

土壤种类	最佳频率/Hz
含饱和水的砂土	100~200
塑性黏土及含砂黏土	90~100
坚实黏土	70~75
含砾的黏土	60~70
含砂的砾石土	50~60

根据土壤的适用振动频率分析可知，对于松散的黏土层和含饱和水的沙土层，需要较高的振动频率，因此在设计研制声波动力头系统时应保证其具有较高的频率上限；对于密实的黏土层和沙土层，需要较低的频率和较大的偏心力矩，因此在设计研制声波动力头系统时应保证其具有较低的振动频率下限以及足够的偏心力矩。

3）激振力的影响分析

振动钻进实质上是利用高频振动和激振力克服地层对钻具的端面阻力和侧面摩擦（阻）力，因此在克服钻具侧面摩擦（阻）力的基础上，需要尽量提高激振力，以增大对土的冲击力。

在钻进过程中，最小激振力大于等于在振动状态下的土壤动摩擦阻力，即

$$F \geqslant F_{\min} \tag{3-16}$$

最小动摩擦阻力为

$$F_{\min} = \pi D \sum_{i=1}^{n} H_i \mu_i f_i \tag{3-17}$$

式中：D 为钻具外径，mm；H_i 为土层厚度，m；μ_i 为土体的振动影响系数，通常取 0.5~0.8；f_i 为土体的动摩擦阻力（其值根据表 3-5 选取），kPa。

表 3-5　地层的动摩擦阻力值

土壤种类	f_i/kPa
含饱和水的砂土、松软黏土	5~7
密实的砂土、黏土层	7~10

根据上述分析可知，在松散的砂土、黏土层中钻进所需的激振力较小，而在密实的砂土、黏土层中钻进所需的激振力较大，并且随着钻进深度的增加，激振力呈现线性增大的趋势。

4）功率的影响分析

功率是描述高频声波动力头系统在单位时间内做功快慢的一个物理量，现对声波动力头振动系统的功率进行分析。

振动系统所做的功为

$$\begin{aligned} \mathrm{d}W &= F\mathrm{d}x = Fx\mathrm{d}t = F_0\sin(\omega t) \cdot \mathrm{d}A\sin(\omega t) \\ &= F_0\sin(\omega t)A\cos(\omega t - \phi)\omega\mathrm{d}t \end{aligned} \tag{3-18}$$

式中：W 为所做的功；F 为作用力；t 为消耗的时间；A 为振幅；ω 为转过的角速度；ϕ 为位移与激振力之间的相位差。

一个循环周期所做的功为

$$W = \int_0^T F_0 A\omega\sin(\omega t) \cdot \cos(\omega t - \phi)\,\mathrm{d}t = F_0 A\pi\sin\phi \tag{3-19}$$

式中：$T=\dfrac{2\pi}{\omega}$为一个工作循环周期的时间。

根据式（3-18）和式（3-19）可以求出平均功率为

$$P = \frac{W}{T} = \frac{F_0 A\pi\sin\phi}{\dfrac{2\pi}{\omega}} = \frac{1}{2}F_0 A\omega\sin\phi = \frac{1}{2}m\omega^3 rA\sin\phi \tag{3-20}$$

由公式（3-20）可以得出以下结论：

① 提高钻机的输出功率可以使振幅和频率增大，并且钻机的功率与振子转速的三次方成正比关系。

② 当以恒功率输入时,增大偏心轴的转速会降低偏心力矩,并且振幅也会随偏心力矩的降低而减小。因此,在恒功率输入的条件下,为了保持钻进速度不变(即偏心距固定不变),需要确保振动的转速不能过高,必须根据地层的性质选择合适的转速。

③ 振动周期与转速成反比关系,即振动频率与转速成正比。因此,在钻进过程中,要根据地层实际情况,及时调整声波振动头系统的振动频率。

3.2.3　操控系统的技术原理

高频声波钻机的电气控制系统主要由三部分构成:① 输入部分,包括钻机机身上的各种传感器、电路开关和操作按钮等;② 逻辑部分,包括各类继电器、触电器等;③ 执行部分,包括电磁线圈、指示灯等。为了保证钻机运行的可靠与安全,还配备了许多辅助电气设备,以实现自动控制功能、保护功能、监视功能以及测量功能。在设备操作与监视中,传统的操作组件、控制电器、仪表和信号等设备大多可被电脑控制系统及电子组件取代,如基于 PLC(可编程逻辑控制器)技术的智能化、自动化电气控制系统。

钻机的自动化操控系统首先通过工业控制机将所编好的控制程序存入 PLC 中,其次把司钻(钻井过程中操作命令的发出者)所发出的指令通过触摸屏发送到 PLC 中进行处理,然后先通过 PROFIBUS 总线将信号远距离传送到 PLC 通信模块被接收,再送至变频器的 CUVC 控制板控制变频器的输出,最后由变频器来控制最终的执行元件——交流变频电机,使电机按照钻井所需要的转速和扭矩运行。PLC 技术把具有丰富界面的触摸屏同各种传感器和变频器组合到一起,使钻机的电流、转速、钻压等在触摸屏上显示出来,便于司钻看到各参数的实时状态,从而实现对钻进过程中钻机参数的实时监控。

液压操控系统主要由钻机机身的各种液压油缸、液压油管、控制阀、负载反馈控制系统组成。钻机在工作时首先获取现场实际情况的液压参数,包括动力头系统的液压压力值、抓排杆系统、夹持系统以及机身的液压负载压力值,然后由操控人员对相关参数进行分析,得出适当的操控方式。

目前出现了利用负载敏感液压控制技术进行液压操控的新型操控系统。针对复杂多变的被控系统,负载敏感控制技术能够与自动控制技术联合工作,精确、快速、稳定地控制输出被控系统所需要的液压动力。动力输出采用定量泵加溢流阀的方式,负载敏感控制的核心元件是二通直通式定差减压阀。由于定量泵的排量、发动机的转速均保持恒定不变,因此液压泵的输出流量是恒定不变的,流量的改变是通过二通直通式减压阀来实现的;在负载敏感变量泵控制系统中,负载敏感控制的核心元件是负载敏感变量柱塞泵,其输出的油液流量能够随着执行元件的负载变化而变化。

3.2.4 钻具系统的技术原理

3.2.4.1 单管式钻具的技术原理

单管式钻具通常包括钻头、驱动杆、连接杆、取样管、岩芯捕集器等,其使用可以分为开放模式和密封模式。在开放模式下,钻具的取样管和内连接杆无须锁定,内连接杆、取样管及切割式钻头按照先后顺序连接,然后由驱动杆推动切入土层中,使取样管获得土壤样品。在密封模式下,取样管和内连接杆被锁定在衬套内部,然后由驱动杆将采样器推进到指定深度,此时与取样管连接的切割式钻头通过旋转切割作用使取样管获得土壤样品。

高频声波钻机的钻探动力主要由液压系统产生的向下压力、高频声波动力头系统产生的高频振动力及主轴产生的低速回转力组成,其通过驱动杆和连接杆传递到钻柱上,再进一步推动钻具切入岩土层。除液压系统的直接推动力外,高频声波振动力可以减小钻具与土壤之间的摩擦力,从而使钻具加速切入土壤。当需要通过某些无需采样的地层时,可以在钻具上安装一个非取样钻头(如丢弃式钻头);当达到采样间隔时,移开该钻头并安装采样钻头,然后按照既定采样计划推进采样器直至钻孔完成。

单管式钻具取样工作完成后,需要先将钻杆与钻柱的连接部分拆开,再将装满土壤样品的取样管取出。对于没有内衬固定取样管的钻具,可以通过主轴旋转的方式将土壤样品慢慢排出。高频声波钻机独有的高频声波动力头系统,可以提供高频振动力加快土壤样品排出的速度。

3.2.4.2 双管式钻具的技术原理

双管式钻具通常包括钻头、驱动杆、连接杆、取样衬管、取样管、岩芯捕集器等。取样衬管和取样管组成采样器,通常由一系列内连接杆(管)固定在适当的位置,这些内连接杆(管)安装在外连接杆(管)内部并连接到驱动杆(管)连接头上,因此内连接杆(管)和外连接杆(管)均可以被推进土层中。内连接杆(管)在取样过程中用于放置和取下采样器。双管式钻具的推进方式可以分为三种:一是超前推进,即内连接杆(管)先于外连接杆(管)被推进;

二是延后推进，即内连接杆（管）后于外连接杆（管）被推进；三是同时推进，即内连接杆（管）与外连接杆（管）同时被推进。

在钻进取样过程中，钻具外层套管主要承受周期性高频振动的激振力，应选择抗疲劳、抗冲击的材料；内钻杆主要用于提升和下放内衬管，不承受振动冲击力，多选用轻质的铝合金等材料；为方便观测及保存样品，取样管通常采用透明的PVC材料；为保证钻杆的连接强度并减轻内钻杆的重量及减小提取内管时的提升力，钻杆接头一般采用合金钢材料。

在高频声波振动钻进过程中，双管式钻具的外层套管能准确控制钻孔和孔内钻具的位置，防止多层地层交叉污染，并且对孔壁起到保护作用，防止孔壁坍塌；内层取样管（含取样衬管）与外层套管同时向下钻进，直到土壤样品充满取样管。

取样完成后，内钻杆将装满土壤样品的采样器提出孔外，然后选择专有的工具将装满未受污染土壤样品的取样管取出，以获得满足土壤污染状况调查的土壤样品。

3.3　高频声波钻进设备的结构

3.3.1　动力头系统

高频声波动力头系统主要由主轴旋转机构、主轴振动机构、轴承冷却润滑系统、隔振装置等构成。主轴旋转机构包括回转马达、动力头轴承、花键结构；主轴振动机构包括两组具有相同偏心质量和偏心距的振子轴组成的双振子结构及其振子腔体结构；轴承冷却润滑系统主要包括进油管、回油管和喷油嘴三部分；隔振装置包括主体减振材料、连接结构及固定结构三大部分。

高频声波动力头系统工作时，主轴液压马达通过花键结构驱动主轴进行旋转，同时振动液压马达带动两组对称的偏心振子轴同步转动，产生上下相对方向的偏心共振，从而使主轴系统在水平旋转的同时也同步产生上下垂直的高频振动。声波振动频率由振动液压马达的转速决定，通常振动液压马达的转速越高，则声波动力头的振动频率越高。

润滑油循环控制系统通过对振子轴轴承进行冷却和润滑，以降低振子轴轴承高速旋转时的温度，同时对轴承结构进行润滑。隔振装置通过连接主体减振材料对动力头系统的振动进行控制，同时增加高频振动力通过主连接轴沿竖直方向传送。

3.3.2 操控系统

电控系统总成包括电控箱和有线遥控盒。电控箱安装在液压油箱上,包括柴油机运行参数显示仪表、报警灯、钥匙开关、急停按钮和油门,控制柴油机的启停、加速并监测其运转状况。

液压系统总成由双联液压泵、液压油箱、液压阀、液压执行元件、液压冷却器和管路、管接头组成。液压系统为开式系统,主要由一个主油路和一个辅助油路构成。主油路由负载敏感变量泵、负载敏感比例多路换向阀和液压执行元件组成,控制声频动力头的振动、回转和给进/提升、自动卸扣液压夹持器、履带行走。辅助油路由定量齿轮泵、普通多路换向阀、液压油缸、液压锁和平衡阀等组成,控制钻机支腿、桅杆起落和桅杆滑移等辅助钻进动作。

3.3.3 钻机系统

除上文提到的钻机核心结构之外,钻机主体的主要结构还包括立柱系统、夹持系统、履带底盘系统、抓排杆系统等。现对这几大系统做简要的介绍。

立柱系统主要由钢板箱体、移动滚轮装置、固定滚轮装置、拉力板链组、立柱升降液压油缸、滑动导轨等组成。立柱为箱式体结构,箱体内安装有油缸和移动滚轮装置,上弦板安装有液压油缸,上下弦面滑动导轨由滚轮装置两端固定,三组拉力板链组先缠绕在移动滚轮装置和固定滚轮装置上再连接于箱上部和下部两个活节固定块。立柱升降液压油缸一端安装于液压油缸支座上,另一端安装于固定立柱系统上,以便于油缸上下行程的作用使立柱系统升起和回落。

夹持系统主要由夹持旋转箱装置、夹持固定装置、滑动箱装置、夹紧卸扣液压油缸、旋转液压油缸等组成。夹持固定装置分为上、下两部分,均通过螺栓固定在立柱系统上。当夹紧卸扣液压油缸工作时,钻杆被上/下夹持固定装置固定,此时夹持旋转箱装置通过旋转液压油缸的伸缩作用在夹持固定装置上做圆周轨迹旋转运动,以松动/夹紧钻杆。

履带底盘系统主要由行走履带、行走马达、履带轮、支架等组成,左右两边系统互相独立。当钻机处于行走状态时,钻机主体的液压操控系统通过油路控制可使两边履带底盘系统同时驱动运行,或分别独立驱动运行。当钻机执行转弯任务时，其中一边的履带保持固定，另一边的履带根据实际情况前进或后退。

抓排杆系统由固定底座、机械手装置、矩形管力臂装置、分隔板、斜度板、液压油缸等组成。抓杆系统工作时，首先由机械手装置抓取目标钻杆，然后通过油缸行程的控制使矩形管力臂装置处于旋转状态，以达到连续装接钻杆的目的。排杆系统工作时，需要旋转装满钻杆的分隔板，以便于钻杆被叠堆排列在斜度板上。

3.3.4　钻具系统

3.3.4.1　单管式钻具的基本结构

单管式钻具的钻头通常由高强度的合金材料制作而成，以保证可以对岩土层进行快速切割，其与钻杆通过螺纹结构连接。通用型钻头在大多数地层中都能很好地进行采样工作，针对松软或者坚硬的地层也可选择刃度不同的钻头。取样管通常采用透明的 PVC 材料，以方便观测及保存样品，其通常置于钻杆内衬结构中，与内衬结构组合为一体。内衬与取样管的组合体分别与钻头和钻杆连接。

驱动杆和连接杆一般为碳钢或特种钢材料制成的杆或管，用以承受钻机产生的高强度推进力（包括高频声波钻机动力头产生的高频振动力）。驱动杆和连接杆通过螺纹结构分别与钻头和钻柱连接。岩心捕集器一般采用高强度的 PE 塑料或合金制成，用来增加砂层和低塑性粉砂的回收率，其可重复使用，并且未内置在衬管中。

针对不同尺寸的钻杆，钻头的直径通常为 53～157 mm；取样管和内衬的直径为 52～107 mm，长度为 500～2000 mm；衬管的内径应比土壤样本的内径略大，以减少土壤摩擦并增强恢复能力。经过适当的清洁和处理后，金属内衬可重复使用。内衬的材料一般包括塑料、铁氟碳、黄铜和不锈钢。

驱动杆与连接杆比内衬和取样管长 100～200 mm，以便于对它们进行固定和控制。驱动杆通常是由钢制成的杆或管，用以承受施加的推力或敲击力。岩芯捕集器倒置于钻头内，其直径略小于钻头。岩心捕集器可以通过防止岩心的损失来帮助土壤恢复。岩心捕集器在大多数土壤条件下均可使用，除了在非常软的土壤中，捕集器不会扰动土壤。

3.3.4.2 双管式钻具的基本结构

双管式钻具的钻头分为内钻头和外钻头，外钻头安装于外驱动管的末端，内钻头安装于内衬管的末端。如有必要，在内钻头的内部可以安装岩芯捕集器，用以提高岩土的回收率（取样率）。针对不同的土壤条件，有不同的钻头可以与之匹配，因此需要根据实际地层的情况选择合适的钻头。

双套管取样系统直径与外驱动管的直径相同，一般为500~2000 mm。取样系统的长度为500~2000 mm，直径为50~150 mm，其通常由一系列内杆固定在适当的位置，这些内杆安装在外管内部并连接到驱动杆的连接头上。

在正式钻探采样前，首先需要将双管式钻具的外钻杆与底部的切割/驱动钻头组装在一起；其次将取样器和衬管组装在一起，并将取样器连接到延长杆上；然后先将驱动头连接到采样器延长杆的顶部，再将采样器组件插入外钻杆中；最后将组装好的外钻杆和采样器组件放置在钻机动力头下方，通过连接法兰与驱动器连接，以实现钻柱的钻进。

3.4 高频声波钻进技术与设备的产业化

3.4.1 高频声波钻进技术与设备的产业化现状

3.4.1.1 国外直推式与高频声波式钻探技术与设备产业化概况

直推式钻探技术起源于20世纪20年代的荷兰，90年代后随着环境钻探项目日益增多，为快速高效地获得高质量原状土壤样品，美国Geoprobe Systems公司率先在钻机中应用了直推技术，制造出第一台直推式原型钻机，并将其推向市场。由于直推式钻探具有钻探成本低、取芯率高、钻进速度快、对样品无扰动及对土壤无污染的特点，其在环境调查领域迅速获得发展和应用，钻探设备制造商陆续投入大量人力、物力进行研制和应用推广。伴随着直推式钻探技术的发展与钻探设备的研发制造，其相关标准也慢慢发布与更新，例如国际标准组织ASTM（美国材料与试验协会）的*Standard Guide for Direct Push Soil Sampling for Environmental Site Characterizations*（D6282-98）、*Standard Guide for Direct-Push Groundwater Sampling for Environmental Site Characterization*（D6001M-20）、*Standard Guide for Selection of Drilling and Direct Push Methods for Geotechnical and Environmental Subsurface Site Characterization*（D6286-19），这些直推式土壤/地下水采样、岩土和环境地下场地的直推方法选择的标准指南，规范了相应的设备选择与操作流程。

凭借着研发的先发优势，得益于液压技术的迅猛发展及机械电子材料领域的领先，目前国外的钻机产业处于高端水平。国外的直推式钻机研发与生产制造厂家主要有：美国 Geoprobe Systems 公司，代表性产品为 6712 DT 型、6011 DT 型、5410 型直推式静压取样钻机；美国 AMS Power Probe 公司，代表性产品为 9100 系列、9400 系列、9500 系列直推式静压钻机；西班牙 Tecop. S. A 公司，代表性产品为 TEC 系列钻机，如 TEC 12. 2、TEC 15、TEC 18。现有的直推式钻机和配套钻具系统分为微型钻探、小型钻探、中型钻探、大型及特大型钻探等，在地质勘探、石油勘探、矿产勘探、岩土工程钻探、环境调查领域等得到了普遍应用。

以美国 Geoprobe Systems 公司为例，自 20 世纪 90 年代推出第一台直推式钻机以来，其一直在钻机和配套钻具系统的研制上投入巨大的人力、物力，分别在 1988 年推出地探器® SK58 打击锤（行业首创）、1990 年推出标准（探头驱动）土壤采样器（行业首创）、1991 年推出地理探头® GH40 冲击锤（行业首创）、1993 年推出宏观岩心® 土壤取样系统（行业首创）等。目前 Geoprobe Systems 公司的直推式钻机的市场占有率位居世界前列，拥有独家核心专利 20 余项，钻机类型包括直推式和旋转钻机（3230 DT 型、7822 DT 型）、岩土钻机（3100 GT 型、3126 GT 型、3145 GT 型）、直推式钻机（6011 DT 型、6712 DT 型、540 T 型、420 M 型）及水井钻机（DM 250 型、DM 450 型）等，并建立了集零部件采购、整机装配、市场销售、技术支持与售后服务于一体的完整系统。同时，Geoprobe Systems 公司还在美国的堪萨斯州、佛罗里达州、宾夕法尼亚州分别设立了工厂服务中心、东南服务中心和东海岸服务中心，囊括了钻机和配套钻具系统销售、零部件更换和钻机维修、技术培训和软件升级、钻探服务出租和工程承包的全套服务内容。

20 世纪初，随着声波钻进理论研究的发展，国外学者尝试将高频声波振动技术应用到传统钻探（回转式、直推式）中，科研单位及钻探公司也在不断地进行振动器的技术研发，高频声波钻进技术日趋成熟。80 年代中期，随着液压技术的成熟及机械电子材料产业水平的提高，与声波钻进技术相关的振动器、高频声波钻机及配套钻具的系统化研究及制造应用得到飞速发展，市场上陆续出现了一批成熟的高频声波钻机产品。伴随着高频声波钻探技术及设备的研发与制造，其相关标准也慢慢发布与更新，例如国际标准组织

ASTM 的 *Standard Practice for Sonic Drilling for Site Characterization and the Installation of Subsurface Monitoring Devices*（D6914/D6914M-16）、*Standard Guide for Use of Casing Advancement Drilling Methods for Geoenvironmental Exploration and Installation of Subsurface Water Quality Monitoring Devices*（D5872/D5872M-18），这些标准指南对高频声波式土壤/地下水采样的设备选择及操作流程进行了规范化、标准化。

目前，国际知名的高频声波钻机研发与生产制造厂家主要有：美国 Boart Longyear 公司，代表性产品为 LS 250 型和 LS 600 型声波钻机；荷兰 Eijkelkamp SonicSampDrill 公司，代表性产品为 SRS 系列、CRS 系列、MRS 系列、LRS 系列声波钻机；日本 Tone Boring 公司，代表性产品为 EP 系列、JP 系列、SP 系列声波钻机。高频声波钻机在环境调查领域得到了良好的应用，应用范围包括岩层取芯、土壤取样、地下水分层取样、污染场地修复等。

以荷兰 Eijkelkamp SonicSampDrill 公司为例，其拥有 100 余年的钻探设备研制历史，并且与代尔夫特理工大学、维尔纽斯大学、特伦托大学、阿拉梅特集团、BRGM 集团、现场岩心分析的自动化专家系统拥有者 SOLSA 公司、著名液压钻机研制厂商 FRASTE 等建立了密切的联系，从理论研究、技术开发到产品制造始终保持高水平、高质量标准。目前，Eijkelkamp SonicSampDrill 公司的高频声波钻机的市场占有率位居世界前列，拥有核心专利 30 余项，钻机种类包括小型声波钻机（SmallRotoSonic Rigs，SRS）、紧凑型声波钻机（CompactRotoSonic Rigs，CRS）、中型声波钻机（MidRotoSonic Rigs，MRS）、大型声波钻机（LargeRotoSonic Rigs，LRS）等，配套钻具有活塞式钻具、单/双壁芯管钻具、污染修复注/喷射器、地下水监测设备等，服务领域涵盖采矿和矿产勘探、环境勘探、岩土工程钻探及特殊地层钻探等。同时，Eijkelkamp SonicSampDrill 公司建立了集管理团队（监事会、商务总监、技术经理）、运营团队（钻探业务经理、项目主管；钻探服务租赁经理、工程项目主管）、技术团队（产品主管、技术项目经理、研发工程师、项目工程师、技术专员）、销售团队（客户经理、内部销售工程师）、服务团队（售后业务经理、技术支持主管）于一体的系统化团队，以充分开展零部件采购及整机研发制造、市场销售及服务租赁、技术支持与售后的业务。

目前，全球钻探市场仍处于规模扩张阶段，相应的钻机需求也处于较为旺盛的状态。直推式钻机和高频声波钻机在环境领域取得了不错的钻探效果,也已引起相关钻探领域的注意,例如大型的直推式钻机在地质勘探和岩土工程中得到了一定的应用。国际上的重点钻探集团和企业除了本土的钻探业务外,还在积极挖掘潜在的钻探业务,例如非洲南部区域的地下水调查、中国境内的环境调查、拉丁美洲的矿产调查与开采。以前文中的美国 Geoprobe Systems 公司和荷兰 Eijkelkamp SonicSampDrill 公司的代表性产品生产销售为例,由于技术领先和原材料成本低廉,其利润率均在 30%以上,售价分别为 140 万元人民币和 360 万元人民币。

3.4.1.2　国内直推式钻探技术与设备产业化概况

21 世纪初,直推式钻探技术传入中国,对国内环境调查钻探技术与设备的研制起到了巨大的推动作用。国内环境调查领域的钻机脱胎于传统地质勘探钻机,早期的直推式钻机及配套钻具系统研制以引进国外的成熟技术与设备和仿制为主,近年来有部分企业开始自主研制直推式钻机。由于国内的直推式钻探技术的发展与钻探设备的研发制造尚处于发展期,其相关标准主要参考《钻探工程名词术语》(GB 9151—1988)、《取样钻机系列》(DZ/T 0103—1994)、《取样钻机具系列》(DZ/T 0105—1994)、《取样钻机技术条件》(DZ/T 0104—1994)、《全液压岩心钻机》(JB/T 13014—2017)、《轻型勘察取样钻机》(T/GXMES 001—2020)、《动力头式钻机》(JB/T 10344—2021)、《钻机基础技术规范》(SY/T 5972—2021),以及国际标准组织 ASTM 的 *Standard Guide for Direct Push Soil Sampling for Environmental Site Characterizations* (D6282-98)、*Standard Guide for Direct-Push Groundwater Sampling for Environmental Site Characterization*(D6001M-20)、*Standard Guide for Selection of Drilling and Direct Push Methods for Geotechnical and Environmental Subsurface Site Characterization*(D6286-19)。

由于直推式钻机应用范围广、钻探/采样效果好,因此国内部分直推式钻机研制科研单位和企业集团积极申报相关的国家标准、行业标准、团体标准、地方标准等。例如,广东省环境科学研究院联合中国科学院南京土壤研究所、江苏盖亚环境科技股份有限公司、南京大学、中国环境科学研究院、中国地质调查局武汉地质调查中心、中国科学院武汉岩土力学研究所、南京中荷寰宇环境科技有限公司、南京贻润环境科技有限公司等申报了团体标准《建设用地土壤弱扰动原位采样技术规范》,里面针对直推式钻机作了规范。

目前,国内知名的直推式钻机研发与生产制造厂家主要有:江苏盖亚环境科技股份有限公司(以下简称“盖亚科技”),代表性产品为 GY-SR 60 型、GY-SR 90 型直推式土壤地下水取样修复一体机;江苏省无锡探矿机械总厂有限公司,代表性产品为 QY-60 L 型、QY-100 L 型、MDL-801 型直推式环保钻机,以及 HBL 系列多功能环保钻机;南京贻润环境科技有限公司,代表性产品为 EP 1000、EP 2000、EP 4000 系列直推式钻机,以及 EP3080 型污染场地精准调查与决策处置工作站。

以盖亚科技为例,该公司拥有 17 项与直推式钻机相关的科技专利,其中核心发明专利 9 项;自主研发的高度集成化直推式钻机,目前已经实现了批量化生产和规模化应用,年产量约 40 台;钻机及相关钻探业务等工程项目 1200 余项,覆盖全国 20 多个省份。盖亚科技与南京大学、东南大学、南京理工大学、南京工业大学等高校建立了密切的联系,在钻机研发方面具有较深的技术积淀,其钻机及配套钻具系统由自有工厂进行零部件采购、核心部件研制、整机装配及钻具制造。盖亚科技研制的直推式钻机配套钻具有高强度合金钻杆及 PE 取样管、螺杆钻、污染修复注/喷射器、地下水监测设备等,服务领域涵盖环境勘探、岩土工程钻探及特殊地层钻探等。盖亚科技的组织架构包括管理部门(商务经理、技术经理)、运营团队(钻探业务经理、项目主管)、技术团队(产品主管、研发工程师、项目工程师)、销售团队(客户经理、销售工程师、销售专员)、服务团队(售后业务经理、技术支持主管),业务覆盖了钻机和配套钻具系统销售、零部件更换和钻机维修、技术培训和软件升级、钻探服务出租和工程承包等。

目前,国内钻探市场仍处于规模扩张阶段,相应的钻机需求也处于较为旺盛的状态。直推式钻机已经在环境领域取得了不错的钻探效果,也已引起相关钻探领域的注意,如大型直推式钻机在地质勘探和岩土工程中得到了一定的应用。国内的钻探集团和企业除了现有的环境调查、地质勘探和岩土工程的钻探业务外,还在积极挖掘潜在的钻探业务,如地下水调查、矿产调查与开采等。以盖亚科技为例,其代表性产品的部分技术已达到了国际水平,由于研制成本低,售价低至 90 万元人民币,因而占领了可观的中低端钻探市场,并积极部署向高端钻探市场进发,未来发展趋势势不可挡。

3.4.1.3 国内高频声波钻探技术与设备产业化概况

我国对于高频声波钻进理论与技术的研究起步较晚,20 世纪 90 年代才有学者将国外的高频声波钻进技术介绍到国内,之后国内的一些科研机构及钻探公司在发达国家成熟理论技术和钻探经验的基础上,相继开展了声波钻进技术的研究。国内早期的环境调查钻机源于传统地质勘探钻机,之后的高频声波钻机及配套钻具系统研制也以引进国外的成熟技术与设备和仿制为主,近年来有部分科研单位和企业开始自主研制。由于国内的高频声波式钻探技术的发展与钻探设备的研发制造尚处于发展期,其相关标准主要参考《钻探工程名词术语》(GB/T 9151—1988)、《取样钻机系列》(DZ/T 0103—1994)、《取样钻机具系列》(DZ/T 0105—1994)、《取样钻机技术条件》(DZ/T 0104—1994)、《全液压岩心钻机》(JB/T 13014—2017)、《轻型勘察取样钻机》(T/GXMES 001—2020)、《动力头式钻机》(JB/T 10344—2021)、《钻机基础技术规范》(SY/T 5972—2021),以及国际标准组织 ASTM 的 *Standard Practice for Sonic Drilling for Site Characterization and the Installation of Subsurface Monitoring Devices*(D6914/D6914M-16)、*Standard Guide for Use of Casing Advancement Drilling Methods for Geoenvironmental Exploration and Installation of Subsurface Water Quality Monitoring Devices*(D5872/D5872M-18)。

目前国内暂无专门的高频声波钻机标准指南,南京中荷寰宇环境科技有限公司联合生态环境部南京环境科学研究所、中国科学院南京土壤研究所、江苏省环境科学研究院、江苏省环境工程技术有限公司,共同申报了地方标准《高频声波钻进原位弱扰动土壤和地下水采样技术标准》,对高频声波钻进技术与采样技术作了规范;广东省环境科学研究院联合中国科学院南京土壤研究所、江苏盖亚环境科技股份有限公司、南京大学、中国环境科学研究院、中国地质调查局武汉地质调查中心、中国科学院武汉岩土力学研究所、南京中荷寰宇环境科技有限公司、南京贻润环境科技有限公司等共同申报了团体标准《建设用地土壤弱扰动原位采样技术规范》,针对高频声波式钻机作了规范。

国内高频声波钻机研发与生产制造厂家主要有:中煤地第二勘探局集团有限责任公司(以下简称"二勘局"),代表性产品为 MGD-S50 系列的全液压声频振动环保钻机;无锡金帆钻凿设备股份有限公司(以下简称"无锡金帆"),代表性产品为 YGL-S 50 型、YGL-S 100 型、YGL-S 200 型声波钻机;南京中荷寰宇环境科技有限公司(以下简称"中荷寰宇"),代表性产品为 ZHDN-SDR 150A 型高频声波钻机。

以中荷寰宇为例,该公司以荷兰 Eijkelkamp SonicSampDrill 公司的

SRS-PL 型声波钻机为原型机进行逆向研发,并且与南京大学、南京工业大学、中国计量大学、中国科学院南京土壤研究所、溧阳市东南机械有限公司等建立了密切的联系,从理论研究、技术升级与产品研制方面进行科技攻坚,研制出国内首个双振子结构的声波动力头。目前,中荷寰宇拥有核心发明专利7项,拳头产品为拥有自主知识产权和核心科技的 ZHDN-SDR 150A 型高频声波钻机,配套钻具有活塞式钻具、单/双壁芯管钻具、污染修复注/喷射器、地下水监测设备等,服务领域涵盖采矿和矿产勘探、环境勘探、岩土工程钻探及特殊地层钻探等。同时,中荷寰宇还建立了集管理团队(商务总监、技术经理)、运营团队(钻探业务经理、项目主管;钻探服务租赁经理、工程项目主管)、技术团队(产品主管、技术项目经理、研发工程师、项目工程师、技术专员)、销售团队(客户经理、销售工程师)、服务团队(售后业务经理、技术支持主管)于一体的系统化团队,以充分开展零部件采购及整机研发制造、市场销售及服务租赁、技术支持与售后的业务。

目前,国内中高端钻探市场处于规模扩张阶段,相应的高端钻机需求也处于较为旺盛的状态。高频声波式钻机已经在环境领域取得了不错的钻探效果,也已引起相关钻探领域的注意,越来越多的钻探单位和生产厂商已经投入大量的资金和人才进行研制。国内钻探集团和企业除了将高频声波钻机推广应用到现有的环境调查、地质勘探和岩土工程的钻探业务外,还在积极挖掘潜在的钻探业务,如地下水调查、矿产调查与开采等。

3.4.2 高频声波钻进技术与设备标准及钻探采样标准

3.4.2.1 国外高频声波钻进技术与设备标准分析

Standard Guide for Direct Push Soil Sampling for Environmental Site Characterizations(ASTM D6282-98)于 1998 年 7 月发布,该标准对直推式土壤采样器作了规范,规定取样器可以采用静推、冲/锤击、(声波)振动及其组合的方法贯入土层,由钻机的直推装置、圆锥贯入仪装置和专门设计的冲击/直推机器提供贯入动力,这是较早的涉及声波钻进采样的标准。2014 年 5 月更新发布的 *Standard Guide for Direct Push Soil Sampling for Environmental Site Characterizations*(ASTM D6282/D6282M-14)中提到声波钻探被视为直推法(该标准不适用于 D6914 中涉及的大型设备),同时规定了单管和双管系统均可用于直推式土壤取样。该标准中的 5.1 规定直推式取样适用于地下土壤与岩土环境

调查;5.1.1规定土壤取样应首选具有保护性和密封性的双管系统,而地下水下方取样时必须使用密封的单管取样器,以避免交叉污染;5.1.1.1提到双管系统易于配备水测试系统(D7242)、地下水采样系统(D6001)、其他采样系统(D1586、D1587),甚至监测井装置(D6724、D6725);5.6规定直推式钻进不适用于固体岩石、部分风化岩、致密土壤、含有巨砾和鹅卵石、硬黏土、压实砾石和胶结土的压实砾石耕地,对某些黏土(取决于其含水量)效果较差。

与*Standard Guide for Direct Push Soil Sampling for Environmental Site Characterizations*(ASTM D6282-98)同年发布的*Standard Guide for Selection of Drilling and Direct Push Methods for Geotechnical and Environmental Subsurface Site Characterization*(ASTM D6286-19)对用于地块环境表征的各种钻探采样方法作了表述,并讨论了这些方法的优缺点,以利于选择合适的地下土壤与岩土环境调查方法。该标准中的4.3.2规定土壤松散地层或地下水取样应避免甚至禁止使用钻井液,以防止对样品保真度造成影响;4.5.2指出在土壤环境调查(土壤污染或地下水质量调查)中,直推式/声波式钻探采样产生的调查衍生废物(IDW)最少,但声波式钻探的岩心较大;4.5.3指出中大型声波钻机可用于岩石和巨砾地层的钻探取样;4.5.4指出声波钻探方法具有快速连续取芯的高性能,可配套大型钻探设备用于特殊地层钻探取样,逐步应用于岩土工程和环境勘探。现行的*Standard Guide for Selection of Drilling and Direct Push Methods for Geotechnical and Environmental Subsurface Site Characterization*(ASTM D6286/D6286M-20)标准中,4.1指出本标准第二次修订增加岩土工程应用,用于地块环境表征的各种钻探采样方法也适用于岩土工程设计使用,如施工设计和仪器的数据收集(采样和现场测试);同时,除了安装监测井(D5092/D5092M、D6724/D6724M)外,还进行了环境调查,以进行取样、现场测试和安装含水层测试钻孔(D4044/D4044M、D4050)。

Standard Guide for Direct-Push Groundwater Sampling for Environmental Site Characterization(ASTM D6001-05(2012))回顾了直推式(D6286/D6286M)地下水采样装置及方法。该标准中的1.2指出直推式地下水采样适用于地下水水质和地质水文研究,特别是含危废、毒性地块的环境调查与地质水文研究,采用增量采样或离散深度采样以确定污染物的分布,并更完整地表述地质水文环境特征;1.6指出直推式采水仅适用于可穿透的松散地层,特殊情况下可使用声波钻井设备(D6914/D6914M),以穿透坚硬地层进行采样。

Standard Practice for Sonic Drilling for Site Characterization and the Installation of Subsurface Monitoring Devices（ASTM D6914-04）于2004年发布，为首个专门用于地块特征和地下监测装置安装的声波钻探标准实施规程，涵盖了在进行地质环境勘探以确定地块特征和地下监测设备安装时使用声波钻探方法的程序。*Standard Practice for Sonic Drilling for Site Characterization and the Installation of Subsurface Monitoring Devices*（ASTM D6914/D6914M-16）为现行标准。该标准中，5.1指出声波钻探是一种快速的干式钻探方法，具有钻进能力强、钻进速度快（D6286）、采样率高、可获得连续岩土样品、钻屑少、基本无需钻井液的优点。声波钻探适用于：岩土工程，如隧道勘探、地下开挖和仪器或结构元件的安装等；地块环境勘探，如地下土壤和岩土层采样、地下水采样等；岩土工程和环境调查的仪表（倾斜仪、振弦式压力计、沉降计等）安装和现场测试。5.4指出声波钻机适用于：常规旋转（D1583、D5782）、井下空气锤作业（D5782）、金刚石钻头取芯等其他钻探方法；常规和钢丝绳（实施规程D2113）、直接推动探测（指南D6001、指南D6286）、薄壁管取样（实施规程D1587）和标准贯入试验分体桶取样（实施规程D1586）。

上述标准与指南主要规范了高频声波钻进技术与设备的应用，如钻探采样等，而专门用于钻机研制的技术参数及设备机械规格性能等的标准尚未发布，具体的设备研制及其机械规格等要求可参照钻机的相关标准。随着高频声波钻机应用范围越来越广，其产业规模不断扩大，高频声波钻进技术与设备将成为钻探产业的重要组成部分，到时对应的独立钻探采样与设备研制的机械标准指南也将推出。

3.4.2.2 国内高频声波钻进技术与设备标准现状与不足

高频声波钻进技术与设备可视为直推式钻探的一个分类，主要应用于环境调查、矿产开采、岩土工程等领域，因此有部分相关的技术导则、技术指南和规定等对其应用作了规范。

《地块土壤和地下水中挥发性有机物采样技术导则》（HJ 1019—2019）中关于直推式钻进技术有如下规定：

① 直推式钻进技术适用于均质地层，如松散沉积的黏土、粉土、砂土等；不适用于坚硬地层，如岩层、卵石层、部分中风化岩层、流砂地层及致密黏土层。

② 典型采样深度为6~7.5 m，一般不超过30 m，钻孔直径为35~75 mm。

③ 钻进过程无须添加水或泥浆等冲洗介质,可采集原状土芯,适用于挥发性有机物土壤样品采集。

《重点行业企业用地调查样品采集保存和流转技术规定(试行)》对土孔钻探提出了以下要求:

① 开孔直径应大于正常钻探的钻头直径,开孔深度应超过钻具长度。

② 每次钻进深度宜为 50~150 cm,岩芯平均采取率一般不小于 70%。其中,黏土及完整基岩的岩芯采取率不应小于 85%,砂土类地层的岩芯采取率不应小于 65%,碎石土类地层岩芯采取率不应小于 50%,强风化、破碎基岩的岩芯采取率不应小于 40%。

③ 应尽量选择无浆液钻进,全程套管跟进,防止钻孔坍塌和上下层交叉污染。

《污染地块勘探技术指南》(T/CAEPI 14—2018)专门针对声波振动钻探作了如下规范:

① 声波振动钻探适用于重金属污染物、挥发性有机物、半挥发性有机物、重金属和有机复合污染物地块的钻探采样。

② 设备设置、钻探频率选择及钻探过程操作应符合下列要求:

a. 钻探设备:钻杆与换能器应采用螺纹连接。

b. 钻探频率:利用钻具和土体系统共振产生的振动频率,应考虑钻杆长度和土体性质。

c. 声波钻探过程中应采取避免交叉污染的措施,钻探过程中不宜使用泥浆、添加剂或其他冲洗介质。

d. 岩芯管宜超前外层套管 60~115 mm,提取岩芯后应将外层套管跟进至取芯深度,以保护孔壁、隔离含水层。

e. 钻探开孔前应对钻进设备、取样装置进行清洗。

f. 在多层地下水地区,宜使用多级套管、分层灌浆回填等止水方式,防止上下含水层之间交叉污染。

③ 钻探成孔口径应根据钻孔取样、测试要求、地层条件及钻进工艺等确定。

④ 钻探深度应根据岩土鉴别、地层分布、地下水埋深,以及满足污染分析划定污染范围的需要确定。

⑤ 土壤和地下水取样器的选择应考虑地块条件、污染特征、取样器特点

等因素，保证定深精准取样、减少扰动、避免交叉污染。

国内尚未发布专门针对高频声波钻进技术与设备的技术研发与钻机及其配套钻具系统生产制造的技术类和机械类标准，其具体的技术规范与设备研制的机械参数规格等要求可参照钻机的相关标准，如《取样钻机技术条件》（DZ/T 0104—1994）、《全液压岩心钻机》（JB/T 13014—2017）、《轻型勘察取样钻机》（T/GXMES 001—2020）、《动力头式钻机》（JB/T 10344—2021）、《钻机基础技术规范》（SY/T 5972—2021）等规范指南。

3.4.3 高频声波钻进原位弱扰动土壤和地下水的钻探采样标准

3.4.3.1 土壤和地下水钻探采样相关技术文件调研

（1）建设用地土壤污染状况调查系列导则分析

《建设用地土壤污染状况调查技术导则》（HJ 25.1—2019）中指出，土壤污染状况调查技术须满足三个基本原则：针对性原则、规范性原则和可操作性原则。具体而言，针对性原则要求调查技术与设备针对地块的特征和潜在污染物特性，得到相应的污染物浓度和空间分布的准确数据；规范性原则要求调查过程须程序化和系统化，以保证调查过程的科学性和客观性；可操作性原则要求调查过程符合实际情况，相应的技术与设备应便宜易得且满足高精度污染地块调查的技术要求。涉及采样与分析的为第二阶段土壤污染状况调查，包括初步采样分析和详细采样分析两步；第三阶段土壤污染状况调查，包括补充采样和测试。

调查地块的污染源情况较为复杂，通常含有化工厂、农药厂、冶炼厂、加油站、化学品储罐、固体废物处理等可能产生有毒有害物质的设施或活动，检测项目除常规的重金属、挥发性有机物、半挥发性有机物、氰化物之外，还可能有硫化物、挥发酚类、氟化物、石油烃、多氯联苯等。对土壤样品采集要求较高的为下层土壤采样，需要根据污染物可能释放和迁移的深度（如地下管线和储槽埋深）、污染物性质、土壤的质地和孔隙度、地下水位和回填土等因素来确定钻探深度。特别需要注意的是，采集含挥发性污染物的样品时，应尽量减少对样品的扰动，严禁对样品进行均质化处理。

《建设用地土壤污染风险管控和修复监测技术导则》（HJ 25.2—2019）对地块土壤污染状况调查采样的垂直方向层次（深度）进行了划分，地表非土壤硬化层厚度一般予以去除，原则上应采集 0~0.5 m 表层土壤样品，0.5 m 以下下层土壤样品根据判断采用布点法采集，建议 0.5~6 m 土壤采样间隔不超过 2 m。一般情况下，应根据地块土壤污染状况调查阶段性结论及现场情况确定下层土壤的采样深度，最大深度应直至未受污染的深度。当同一性质土层厚度较大或出现明显污染痕迹时，应根据实际情况在该层位增加采样点；对于不同性质的土层（土壤变层），应至少采集一个土壤样品，以保证调查结果的真实性和准确性。

土壤采样的基本要求为尽量减少土壤扰动，保证土壤样品在采样过程不被二次污染；挥发性有机物污染、易分解有机物污染、恶臭污染土壤的采样，应采用无扰动式的采样方法和工具，钻孔取样可采用快速击入法、快速压入法及回转法，主要工具包括土壤原状取土器和回转取土器。常规的钻探设备，如冲击钻机、回转钻机、螺旋钻机主要用于地质勘探，钻探精度低且容易导致土壤交叉污染；直推式钻机和高频声波钻机对土壤样品的钻探采集具有良好的连续性与密闭性，同时采样量足、样品取芯率及保真度高、取样过程非（弱）扰动等，因此在环境调查土壤采样中的应用较为普遍。

（2）污染地块勘探技术指南解读

《污染地块勘探技术指南》（T/CAEPI 14—2018）对岩土分类作了详细的表述，土按颗粒级配或塑性指数可分为碎石土、砂土、粉土和黏性土（粉质黏土和黏土）；人工堆填土按物质组成可分为素填土（包括碎石素填土、粉土素填土等）和杂填土（包括建筑垃圾杂填土、生活垃圾杂填土、混合垃圾杂填土、工业废料杂填土）。根据《建设用地土壤污染风险管控和修复监测技术导则》（HJ 25.2—2019）的要求，对于不同性质的土层（土壤变层），应至少采集一个土壤样品，以保证调查结果的真实性和准确性，上述岩土分类对钻探采样的垂直方向层次（深度）的划分具有极大的指导意义和作用，可以保证调查结果具有较高的真实性和准确性。

《污染地块勘探技术指南》（T/CAEPI 14—2018）专门针对声波振动钻探作了如下规范：

① 声波振动钻探适用于重金属污染物、挥发性有机物、半挥发性有机物、重金属和有机复合污染物地块的钻探采样。

② 在钻探采样之前，应根据搜集资料分析地块的地质与水文地质条件，初步判别污染地块类型、特征污染物、污染源位置、污染物分布等地块污染特征。

③ 设备设置、钻探频率选择及钻探过程操作应符合下列要求：

a. 钻探设备：钻杆与换能器应采用螺纹连接；应合理选择弹簧刚度及长度，以便于再次起振；应采取措施减少自由质量在传递过程中能量损耗及提高动量传递效率。

b. 钻探频率：利用钻具和土体系统共振产生的振动频率，应考虑钻杆长度和土体性质，当振动钻探粉土、黏性土时，应使用频率（<50 Hz）较低而偏心力矩较大的钻探方式；振动钻探砂土、碎石土时，宜采用频率（>50 Hz）较高的钻探方式。

c. 声波钻探过程中应采取避免交叉污染的措施，钻探过程中不宜使用泥浆、添加剂或其他冲洗介质。

d. 岩芯管宜超前外层套管60~115 mm，提取岩芯后应将外层套管跟进至取芯深度，以保护孔壁、隔离含水层。

e. 钻探开孔前应对钻进设备、取样装置进行清洗，不同钻孔钻进前应对钻探设备进行清洗，同一钻机在不同深度采样时，应对钻探设备、取样装置进行清洗，避免产生交叉污染。钻进设备包括套管、钻具、钻头、循环系统等，取样装置主要指取土器。

f. 在多层地下水地区，宜使用多级套管、分层灌浆回填等止水方式，防止上下含水层之间交叉污染。

④ 钻探成孔口径应根据钻孔取样、测试要求、地层条件及钻进工艺等确定，并应符合下列要求：

a. 用于鉴别与划分地层的钻孔，松散土层钻孔成孔口径应大于36 mm；

b. 用于采取土样的钻孔孔径应比使用的取土器外径大一个径级；

c. 用于原位测试的钻孔，其成孔口径应满足测试探头的工作要求。

⑤ 钻探深度应根据岩土鉴别、地层分布、地下水埋深，以及满足污染分析划定污染范围的需要确定，深度控制及量测应符合下列要求：

a. 每次钻进深度不应超过岩芯管有效长度；

b. 钻进深度和岩土层分层深度的测量精度，最大允许偏差为±0.05 m；

c. 采取土样的起始深度与钻进深度的误差不宜超过0.05 m；

d. 每钻进10 m和终孔后，应校正孔深，并宜在变层处校核孔深。

⑥ 土壤和地下水取样器的选择应符合下列要求：

a. 土壤取样器可采用开放式取样器和封闭式取样器，取样器选用应考虑地块条件、污染特征、取样器特点等因素，保证定深精准取样、减少扰动；

b. 地下水取样器包括过滤器开放式取样器、过滤器封闭式取样器和地下水连续取样器，地下水取样器应根据地块条件、污染特征进行选择，避免交叉污染、减少对含水层扰动，地下水连续取样应保证取样器清洗效果。

（3）非扰动原位钻探采样技术

与普通岩土勘探相比，环境调查钻探采样对土壤样品质量的要求更为严格，因为其不仅仅关注土壤的岩性（物理性质），更需要检测土壤中的污染物（化学性质），尤其是当土壤中存在易挥发有机污染物时。《建设用地土壤污染状况调查技术导则》（HJ 25. 1—2019）、《土壤质量 土壤采样技术指南》（GB/T 36197—2018）、《重点行业企业用地调查样品采集保存和流转技术规定》等技术导则中规定用于环境调查的土壤样品应是非（弱）扰动的。《岩土工程勘察规范（2009 年版）》（GB 50021—2001）、《土壤质量 土壤采样技术指南》（GB/T 36197—2018）和 *Standard Terminology Relating to Soil, Rock, and Contained Fluids*（ASTM D653-14）中对非（弱）扰动（undisturbed）的描述为：采集的土壤样品与原位土壤样品有相同的组成、性质和结构，且能达到后续测试的要求和目的。

由于土壤是污染物存在的媒介，其物理性质（含水率、渗透率等）直接决定了污染物存在、分布的方式和迁移的途径。因此，无扰动采样的具体要求为如下：

① 取得的土壤柱状样品要能与土壤原位存在时的深度一一对应，这直接影响判断污染物在土壤中实际存在的深度；

② 土壤的物理性质，如岩性、含水率、渗透率不变；

③ 土壤的化学性质不变，主要是指污染物的存在形式、分布和浓度不变，即挥发性有机物不挥发，不会造成上下层土壤交叉污染，也不会在钻探过程中引入新的污染物（钻井液、冲洗液等）。

综合《岩土工程勘察规范（2009 年版）》（GB 50021—2001）、《建设工程地质勘探与取样技术规程》（JGJ/T 87—2012）、《土壤质量 土壤采样技术指南》（GB/T 36197—2018）、《建设用地土壤污染风险管控和修复监测技术导则》（HJ 25. 2—2019）和 *Standard Guide for Selection of Drilling Methods for Environmental Site Characterization*（ASTM D6286）中提到的钻进工具和工艺，满足环境土壤采样无扰动要求的有：手工钻探法、探坑法、回转（螺旋）钻探、直接推进钻探(直推式钻探)、锤击钻探(钢索/钢缆冲击钻探)、声频(波)钻进。

高频声波钻进技术作为一种先进的钻探技术,其利用钻探设备动力头系统产生的高频振动使土壤液化,从而保证钻头快速切入地层,对土壤基本无压缩和扰动。*Standard Guide for Selection of Drilling Methods for Environmental Site Characterization*(ASTM D6286)认为声波式钻进技术是一种弱扰动土壤采样的关键技术,适用于环境调查。上述国内相关的技术导则和技术规定对非(弱)扰动技术也作了表述和规定,确定声波钻进技术是一种非扰动原位采样技术,并初步论述了非扰动采样技术的工作流程,认为其适用于挥发性有机污染土壤的采样。但是,在实际操作层面要达到100%非扰动钻探采样难度较大,而实现相对弱扰动的钻探采样是目前相对可行的技术路线,相关标准见《高频声波钻进原位弱扰动土壤和地下水采样技术标准》(待发布)和《建设用地土壤弱扰动原位采样技术规范》(待发布)。

3.4.3.2　高频声波钻进原位弱扰动钻探采样标准

(1) 高频声波钻进原位弱扰动钻探采样标准要求与发展历程

Standard Guide for Direct Push Soil Sampling for Environmental Site Characterizations(ASTM D6282-98)于1998年7月发布,该标准提到直推式土壤采样器可以采用(声波)振动及其组合的方法贯入土层,这是较早的涉及声波振动用于采样的标准,其最新版本中提到声波钻探被视为直推法(该标准不适用于D6914中涉及的大型设备),同时规定了单管和双管系统均可用于直推式土壤取样。同年发布的*Standard Guide for Selection of Drilling and Direct Push Methods for Geotechnical and Environmental Subsurface Site Characterization*(ASTM D6286-98)规定:① 土壤松散地层或地下水取样应避免甚至禁止使用钻井液,以防止对样品保真度造成影响;② 在土壤环境调查(土壤污染或地下水质量调查)中,直推式/声波式钻探采样产生的调查衍生废物(IDW)最少,但声波式钻探的岩心较大;③ 声波钻探方法具有快速连续取芯的高性能,可配套大型钻探设备用于特殊地层钻探取样。2000年发布的*Standard Guide for Selection of Sampling Equipment for Waste and Contaminated Media Data Collection Activities*(ASTM D6232)表述了如何选取相关取样器、取样管、取芯装置等,列出了相关取样设备清单及其适用性。特别地,2021年的最新版本中提出了在取样时应主要考虑的因素:① 在目标群体中每个相关位置访问和提取的能力,即取得的土壤柱状样品要能与土壤原位存在时的深度一一对应;② 收集

足够质量的样品的能力，即土柱的取芯率≥95%；③ 在不添加或损失感兴趣成分的情况下收集样品的能力，即土壤的化学性质不变，主要是指污染物的存在形式、分布和浓度不变，即挥发性有机物不挥发、不会产生上下层土壤交叉污染，也不会在钻探过程中引入新的污染物（钻井液、冲洗液等）。一直到2004年发布的*Standard Practice for Sonic Drilling for Site Characterization and the Installation of Subsurface Monitoring Devices*（ASTM D6914-04），其为首个专门用于地块特征和地下监测装置安装的声波钻探标准实施规程，涵盖了在进行地质环境勘探以确定地块特征和地下监测设备安装时使用声波钻探方法的程序。现行的最新版本于2016年发布，其指出声波钻探是一种快速的干式钻探方法，规定了钻进能力、钻进速度（D6286）、采样率、连续取样等，并且钻屑少、无需钻井液。

2009年发布的《岩土工程勘察规范（2009年版）》（GB 50021—2001）对非扰动采样作了规范，其后于2012年及2014年陆续发布的《建设工程地质勘探与取样技术规程》（JGJ/T 87—2012）、《建设用地土壤污染状况调查技术导则》（HJ 25.1—2014）、《建设用地土壤污染风险管控和修复监测技术导则》（HJ 25.2—2014）、*Standard Terminology Relating to Soil, Rock, and Contained Fluids*（ASTM D653-14）对非扰动采样作了详细规范，并指出声频（波）钻进为满足环境土壤无（弱）扰动采样的技术。2018年发布的《土壤质量 土壤采样技术指南》（GB/T 36197—2018）、《重点行业企业用地调查样品采集保存和流转技术规定》等技术导则中规定用于环境调查的土壤样品应是非（弱）扰动的，《污染地块勘探技术指南》（T/CAEPI 14—2018）则详细规范了高频声波钻进技术与设备用于土壤样品原位弱扰动采样的工作流程与要求，之后中荷寰宇和广东省环科院又于2021年陆续申报了《高频声波钻进原位弱扰动土壤和地下水采样技术标准》（待发布）和《建设用地土壤弱扰动原位采样技术规范》（待发布）。

目前，国内关于高频声波钻进原位弱扰动钻探采样的专门标准仅有中荷寰宇申报的《高频声波钻进原位弱扰动土壤和地下水采样技术标准》，其余涉及高频声波钻进原位弱扰动钻探采样的标准还有广东省环境科学研究院牵头申报的《建设用地土壤弱扰动原位采样技术规范》团体标准。现以《高频声波钻进原位弱扰动土壤和地下水采样技术标准》为例，其规定了高频声波钻进原位弱扰动土壤和地下水采样技术工作的一般程序、方法和技术要求，分别为钻探设计、施工、钻机选型、钻具选用、钻进方法、样品采集与编录、钻孔质量以及技术档案管理等工作要求和技术规则,具体内容主要包括:① 采样设备,包括土壤采样系统(双套管采样系统)、地下水采样系统(单层随钻采水声波地下水采样器、多层快速采水 U 型管分层快速采样器);② 土壤采样过程,主要为采样方案编制、常规设置、双套管采样系统;③ 土壤钻探方法,主要为总体程序、钻杆/钻具/取样器选择、钻进过程参数、采样操作要点;④ 地下水采样过程,主要为采样方案编制、单层随钻采水声波地下水采样、多层快速采水 U 型管分层快速采样、常规设置、采样过程参数、采样操作要点;⑤ 质量管理与质量控制;⑥ 安全与防护;⑦ 应急处置;⑧ 附录,主要为土壤钻探采样记录单,地下水采样记录单等。

(2) 高频声波钻进原位弱扰动采样标准现状与不足

目前,与高频声波钻进原位弱扰动采样标准相关的现行标准主要有:国外的 *Standard Practice for Sonic Drilling for Site Characterization and the Installation of Subsurface Monitoring Devices*(ASTM D6914/D6914M-16);国内的《污染地块勘探技术指南》(T/CAEPI 14—2018)、地方标准《高频声波钻进原位弱扰动土壤和地下水采样技术标准》(待发布)和团体标准《建设用地土壤弱扰动原位采样技术规范》(待发布)。*Standard Practice for Sonic Drilling for Site Characterization and the Installation of Subsurface Monitoring Devices*(ASTM D6914/D6914M-16)规定了声波钻探的钻进能力、钻进速度、采样率、取样连续性等,然而考虑到国情(地质条件、技术与设备水平、地块污染特征等)不同,其在国内的适用性有待商榷,实际指导和规范作用有限。《污染地块勘探技术指南》(T/CAEPI 14—2018)作为国内专门的污染地块勘探技术指南,其详细规范了声波钻进技术与设备用于土壤样品采集的工作流程与要求,具有一定的实际指导和规范作用。然而,《污染地块勘探技术指南》(T/CAEPI 14—2018)也存在较为明显的不足:① 没有明确高频声波钻进技术与设备的具体标准,主要是钻探采样的一般程序、方法和技术要求,包括钻探设计、施工、钻机选型、钻具选用、钻进方法、样品采集与编录、钻孔质量以及技术档案管理等工作要求和技术规则;② 未严格厘定原位弱扰动采样的范围和标准,原位取样的要求是取得的土壤柱状样品要能与土壤原位存在时的深度一一对应;弱扰动的要求是即土壤的物理和化学性质不变,包括岩性、含水率、渗透率不变,污染物的存在形式、分布和浓度不变。

《高频声波钻进原位弱扰动土壤和地下水采样技术标准》和《建设用地土壤弱扰动原位采样技术规范》是目前国内专门的高频声波钻进原位弱扰动采样标准，对高频声波钻进原位弱扰动采样作了详细明确的规范，包括高频声波钻进采样技术、钻进过程的参数要求，采样过程中对土壤和地下水的原位弱扰动要求，设备的具体操作条件等。然而，由于这两项标准主要基于中荷寰宇自主研制的高频声波钻机，未能将高频声波钻探行业的钻探技术与设备全部考虑进去，因此其适用性有限。考虑到国内声波钻进技术尚处于初步发展阶段，其技术和设备在不断研发更新中，面对的钻探条件和钻探要求也有所不同，因此需要建立统一的行业标准。

第4章 <<<

典型高频声波钻进技术与设备

南京中荷寰宇环境科技有限公司在对国内外声波钻机技术调研分析的基础上,设计了一种双组振子结构声波动力头,制造出 ZHDN-SDR 150A 型高频声波钻机。现以 ZHDN-SDR 150A 型高频声波钻机为例,重点介绍高频声波钻机与配套系统的工作原理与结构特性。

4.1 高频声波钻机与配套系统的工作原理与结构特性

4.1.1 动力头系统的工作原理与结构特性

高频声波动力头系统是高频声波钻机的核心部分,其产生的激振力和振动频率决定了钻机的钻探采样性能,包括钻进深度、钻进速度、不同地层钻进能力、采样效率与样品取芯率等。为满足土壤环境取样的要求,针对高频声波钻进技术与设备的特点,结合土壤环境取样的重难点问题,研发团队对高频声波振动工作原理与动力头系统结构特性等进行了研究,现分列如下。

4.1.1.1 振子系统的工作原理与结构特性

(1)振子共谐驱动与土壤液化机理研究

针对特殊地层钻进速度慢、效果差的问题,研发团队开展了振子共谐驱动研究。以荷兰的 SRS 型钻机为对照,充分分析了国产钻机的自研振子和荷兰钻机的进口振子的振子转速与离心力的关系(图 4-1)。研究结果表明,在一定范围内,随着振子转速的增大,振子的离心力也增大;在相同振子转速的条件下,自研振子的离心力更大,产生的振动力更强。此研究的开展,一方面为自研振子的偏心质量优化工作提供了理论依据,另一方面为双振子结构的设计奠定了技术基础。

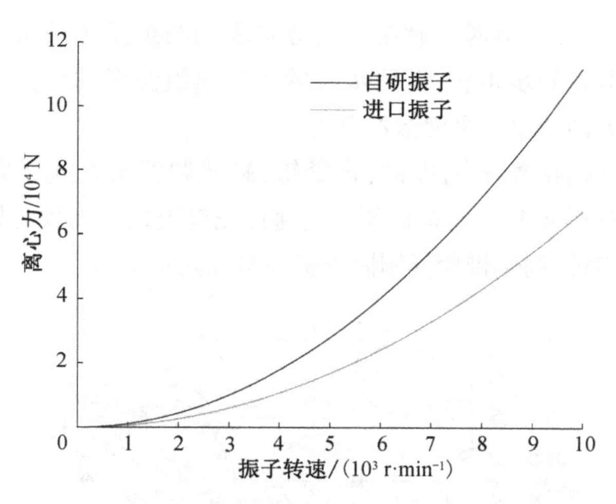

图 4-1　振子转速与离心力的关系

针对特殊地层采样量少、取芯率低的问题,研发团队开展了土壤液化机理的研究,充分分析了土壤的应力-应变关系(见第 3 章 3.2.2 节)。研究结果表明,在一定范围内,钻杆轴向的应力越大,土壤受振动力影响就越容易产生形变,进而使土壤产生液化。此研究的开展,为后续高频声波动力头和特殊地层钻具的设计提供了理论基础。

(2) 振子系统结构与参数

为达到更加持续稳定的振动效果,研发团队创新性地将 SRS-PL 型高频声波钻机的单振子结构改造为双振子结构(图 4-2)。该双振子结构由两组(每组两件)具有相同偏心质量和偏心距的振子轴组成,每组振子轴的质心同相位,将单组振子轴串联后再与另一组并排布置。

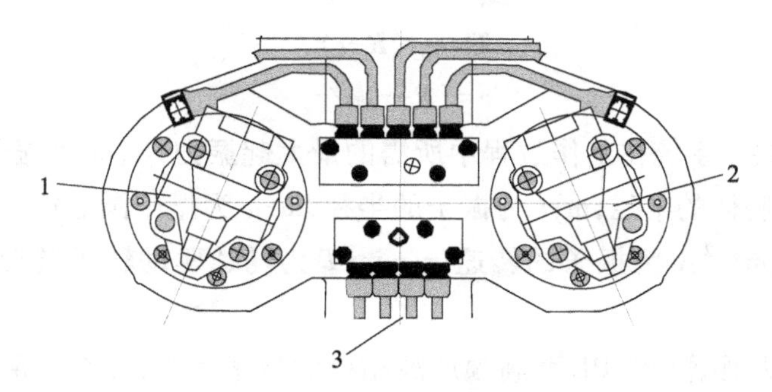

1—振子 A;2—振子 B;3—振动液压马达。

图 4-2　双振子结构示意图

振子系统工作时,由两个激振马达分别驱动两组振子轴做相向转动,激振轴的另一端装有同步带轮,受同步带的约束两组激振轴做同步相向回转,从而产生垂直方向的单自由度激振合力。

振子同步结构由振子同步带、张紧轮、旋转调整锁紧式张紧器、同步带轮、从动轮组成(图 4-3)。高速液压马达通过花键连接驱动偏心轴旋转,两根偏心轴通过同步带/同步带轮强制同步机构实现同步运转。

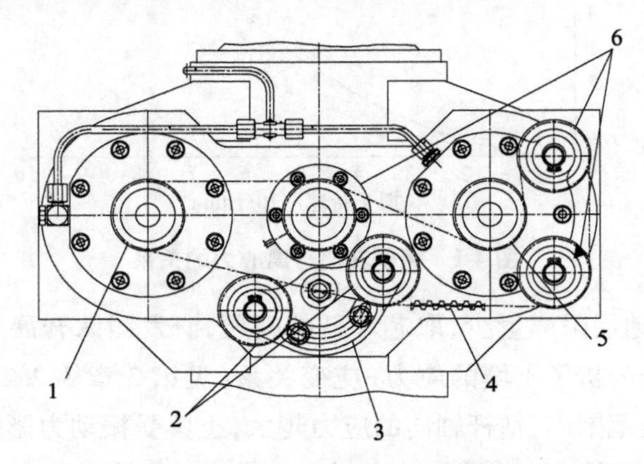

1—同步带轮;2—张紧轮;3—旋转调整锁紧式张紧器;
4—同步带;5—同步带轮;6—从动轮。

图 4-3 振子同步结构

振动单元的马达带动振子 A 和振子 B 在圆柱形振子腔中做高速相向旋转运动,从而产生周期性的振动力带动钻柱向下钻进。振子的参数计算公式如下所示:

$$f_{max}=2m(R-r)a^2 \tag{4-1}$$

$$T=mg(R-r) \tag{4-2}$$

$$v=(R-r)a/r \tag{4-3}$$

式中:f_{max} 为振子系统在工作过程中所需的最大起振力,N;m 为振子的质量,kg;R 为振子腔体的半径,m;r 为振子的半径,m;a 为振子圆心绕腔体圆心转动的加速度,m/s^2;v 为振子的转速,r/min;T 为马达驱动转子转动所需的扭矩,N · m。

研发团队根据 SRS-PL 型高频声波钻机的技术参数,结合实际测验结果计算出振子的最优参数,分别为半径 $r=0.04$ m,质量 $m=5.53$ kg,转速 $v=$ 8980 r/min,扭矩 $T=4.32$ N · m。查派克液压元件样本,选择 F 11-005 型马达作为振子单元的马达元件,其具体参数见表4-1。

表4-1　F 11-005型派克马达参数

参数名称	数值
排量/($cm^3 \cdot rev^{-1}$)	4.9
工作压力/N	420
最高间歇压力/bar	350
最高连续压力/bar	12500
最低连续压力/bar	50
最大连续压力/bar	63
理论扭矩(在100 bar时)/(N·m)	7.8
转动惯量/(10^{-3} kg·m^2)	0.16
质量/kg	4.7

注:1 bar=0.1 MPa。

4.1.1.2　动力头系统主轴结构特性

(1) 回转马达

高频声波动力头系统的主轴液压马达通过连接钻柱带动钻具进行回转,从而为钻具提供回转力。研发团队通过对动力头系统的输出参数范围、传动机构及液压元件的分析与计算,选择排量400 mL/r的低速大扭矩摆线马达作为动力头的回转马达。

马达的输出转速为

$$n_m = \frac{1000Q\eta_v}{V_g} \tag{4-4}$$

式中:n_m 为输出转速;η_v 为动力头机械效率,取95%;V_g 为马达排量,400 mL/r;Q 为液压泵的流量,9166 mL/min。

综合上述,计算得:$n_m = 21769$ r/min。

故动力头输出转速为

$$n = n_m / i_z = 8981 \text{ r/min} \tag{4-5}$$

式中:i_z 为柱塞马达侧传动比,取2.424。

另外,马达的输出扭矩为

$$T_m = \frac{100\Delta p V_g \eta_{mk}}{2\pi} \tag{4-6}$$

式中:Δp 为压力差,取238.7 bar;η_{mk} 为马达机械效率,取96%。

综合上述,计算得:$T_m = 1460$ N·m。

故动力头输出扭矩为

$$T = i_z T_m \eta = 3362\ \text{N} \cdot \text{m} \tag{4-7}$$

式中:T 为输出扭矩。

(2) 动力头轴承

动力头轴承起连接作用,两个轴承上下相对安装,主轴的回转力与振动力通过轴承传递到钻柱,其回转速度为 0~120 r/min。轴承具体参数见表 4-2,轴承安装尺寸见图 4-4。

表 4-2　轴承参数

参数名称	数值
内花键规格/(mm×mm×mm)	1. 25×13×9
基准直径/mm	18
模数	1. 25
齿数	13
压力角/(°)	30
分度圆直径/mm	16. 25
基圆直径/mm	14. 073
齿高变位量	-0. 1875
齿根圆直径/mm	$18^{+0.35}$
渐开线终止圆最小直径/mm	17. 81
齿顶圆直径/mm	15. 5
实际齿槽宽最大值/mm	2. 236
量棒直径/mm	2. 25
最大棒间距/mm	13. 215
最小基准棒间距/mm	13. 141

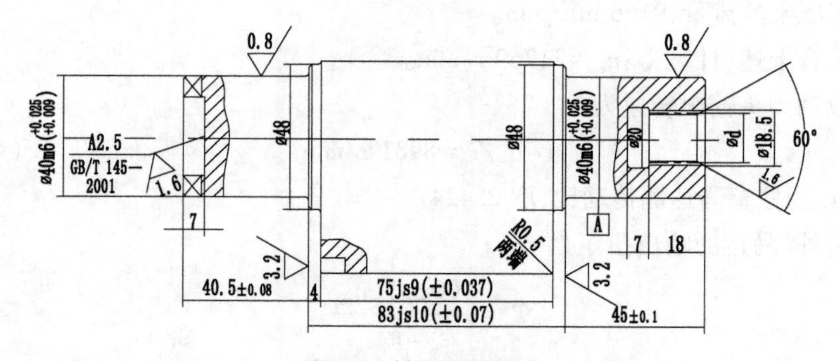

图 4-4　轴承安装尺寸

(3) 花键结构研究

针对动力头系统主轴低速回转难以产生大扭矩的问题,研发团队经技术攻关后选择采用滚珠花键副结构(图 4-5),从而解决了这一难题。在设计过程中,研发团队将主旋转马达安装在内摆架上,其转动惯量和扭矩通过联轴器、滚珠花键副传递给主轴,主、从动轴间速比设计为 1 : 1。传动花键轴与从动轴通过滚珠花键连接相互配合,两者可做轴向相对自由滑动并能传递扭矩。滚珠花键副轴向滑动阻力小,主轴的受激振动不会传递给主旋转马达,主旋转马达与主轴箱的分离式结构设计降低了受激振动体的质量,有助于激振力的有效输出。

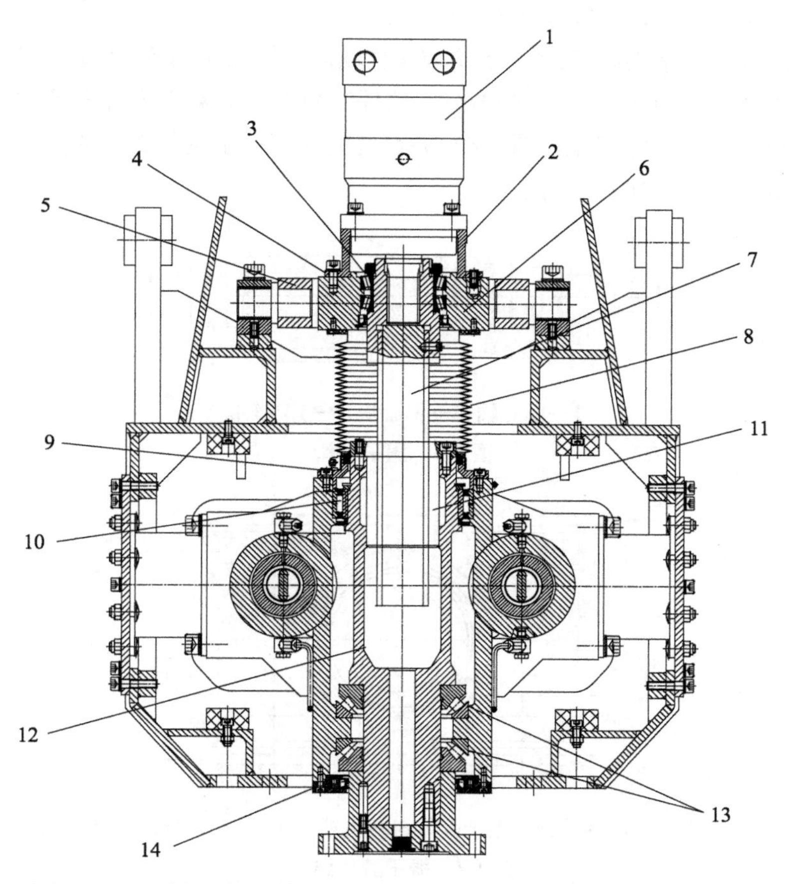

1—液压马达;2—马达支架;3—联轴节;4—联轴节轴承;5—外摆架;6—内摆架;7—花键轴;8—防护罩;9—上轴承盖;10—上轴承;11—花键轴套;12—主轴;13—下轴承;14—下端盖。

图 4-5　滚珠花键副结构

现对花键结构进行设计校验：马达输出扭矩 T_m = 4300 N·m；马达输出轴直径 d = 60 mm；键的长度 l = 140 mm；许用应力 $[\delta_F]$ = 135 MPa；双键连接的强度按 1.5 个计算；采用抗拉强度 590 MPa 的键用钢。

平键静连接按连接工作面挤压强度计算，公式为

$$\delta_F = \frac{2T}{dkl} \leqslant [\delta_F] \tag{4-8}$$

式中：T 为传递的扭矩，N·m；d 为轴的直径，mm；k 为键和轮毂的接触高度（一般 $k=0.4h$），mm；l 为键的长度，mm；$[\delta_F]$ 为许用应力，MPa。

计算可得：$\delta_F = 122.655 < [\delta_F]$。结果满足要求。

4.1.1.3　振子系统结构设计与制造

振子系统是高频声波动力头系统的核心部件，在完成理论分析工作后，研发团队利用 AutoCAD 和 SolidWorks 软件绘制了振子系统的结构图（图 4-6、图 4-7）和振子三维模型图（图 4-8），并最终完成了振子及其腔体的整体制造、组装（图 4-9、图 4-10）和调试工作。

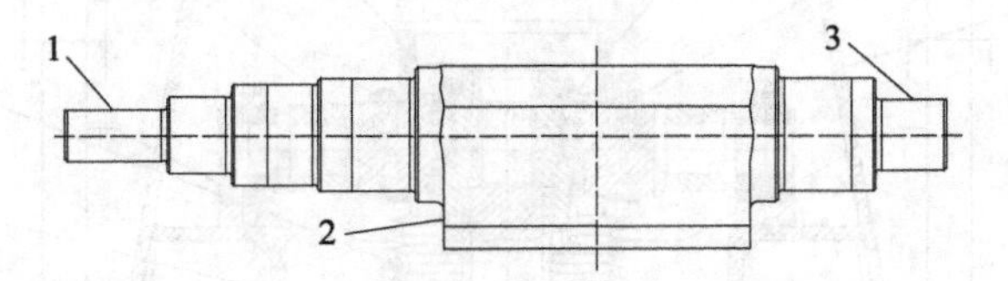

1—偏心轴；2—偏心块；3—连接轴。

图 4-6　振子结构

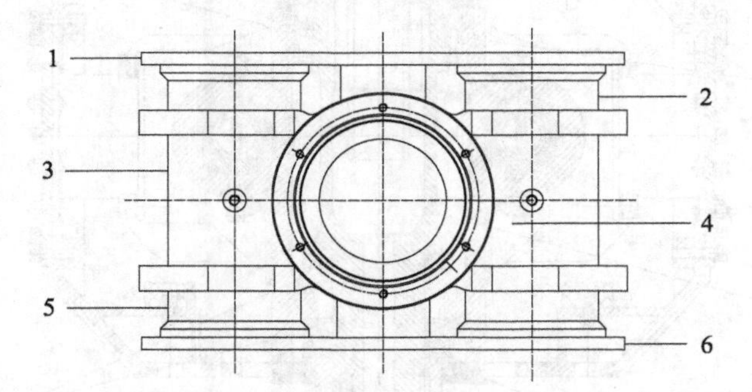

1—前端板；2—前轴承；3—振子腔体；4—主轴腔体；5—后轴承；6—后端板。

图 4-7　振子腔体结构

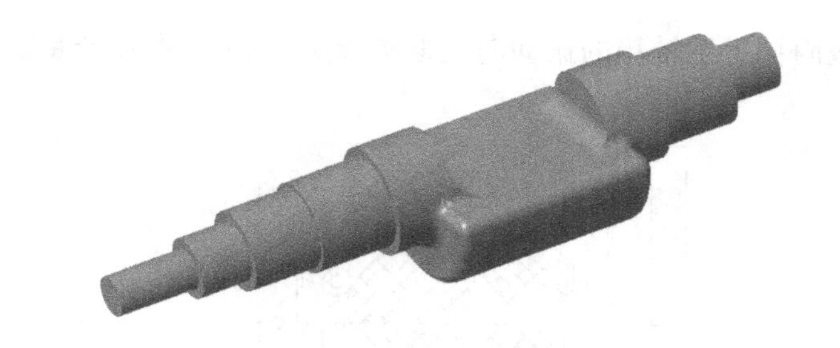

图 4-8　振子三维模型

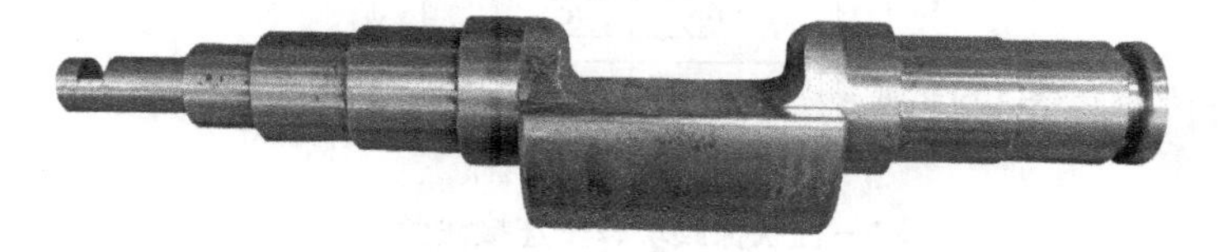

图 4-9　振子实物

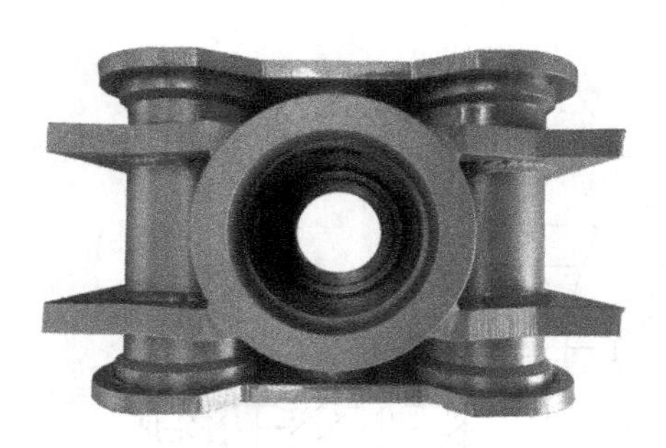

图 4-10　振子腔体实物

4.1.1.4　柱状橡胶块减振装置的工作原理与结构特性

高频声波动力头系统的振子结构在高速运转时，会对动力头系统的主连接轴和主轴腔体产生巨大的牵引力和压缩力，若不对振动力进行适当的阻隔和缓解，动力头系统的主连接轴和主轴腔体则会被破坏。因此，为了提升高频声波动力头系统在振子高速运转时的稳定性，同时尽可能地使这些振动力按照竖直方向传送，研发团队设计了一种隔振装置，其可充分吸收振动能量，防止主连接轴和主轴腔体被破坏，从而延长高频声波动力头的使用寿命。

该隔振装置主要由高性能柱状橡胶材料组成（图 4-11、图 4-12），其具有横向尺寸大于纵向尺寸的截面形状，并且柱状橡胶块的纵向与主轴的振动方向一致。隔振装置在声波动力头系统振动方向具有较好的弹性变形性能，同时在横向又具有较强的支撑性能，因此能够有效防止主轴箱振动时产生较大的横向位移变化，从而提高声波动力头系统的振动稳定性。除此之外，该隔振装置还有效阻挡了主轴箱的振动向主框架传递,减少了振动能量的损耗。

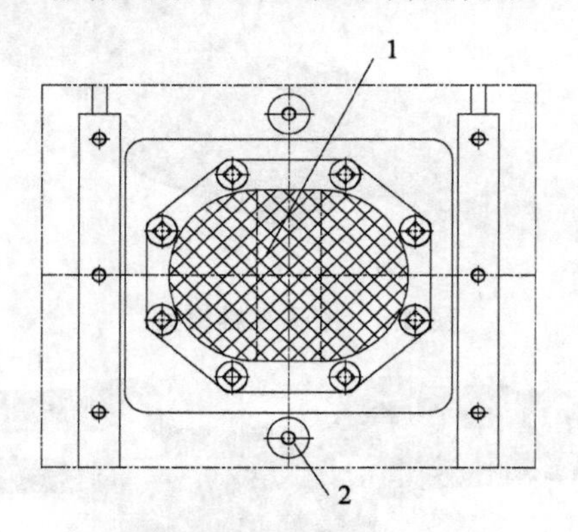

1—柱状橡胶块;2—连接法兰。

图 4-11　高性能复合橡胶材料隔振装置示意图

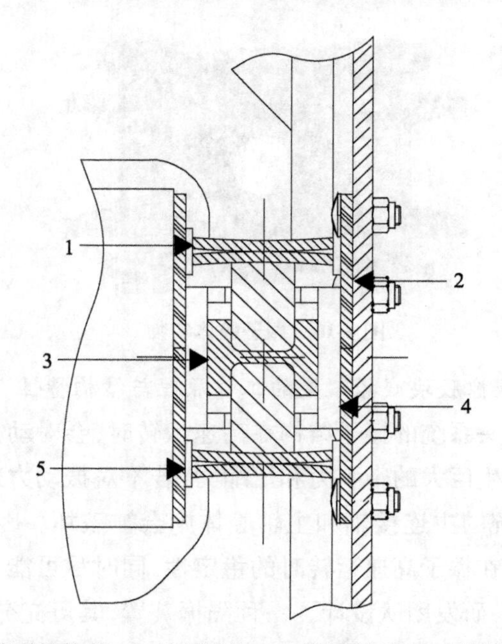

1—高性能弹性构件;2—连接法兰;3—阻尼材料;4—侧壁;5—垫块。

图 4-12　隔振装置示意图

对于高频声波动力头系统的隔振装置而言,衡量其隔振效果的参数是力传递率,即通过隔振器传给基座或基础的传递力幅值与作用在隔振体上的激励力幅值之比。在橡胶材料的力传递率的测试过程中,研发团队通过改变声波动力头的振动频率来研究对隔振器隔振性能产生的影响。本次试验在室温下进行，在一定的负载质量、间隙值、激励加速度等条件下，采用正弦扫频法，控制频率从 0 Hz 一直增大到 150 Hz。橡胶材料的传递率曲线如图 4-13 所示，橡胶隔振器的振动特性见表 4-3。从图 4-13 中可以看出，选用该橡胶材料作为隔振材料，振动传递率曲线的峰值向左移动，系统的隔振区变窄；系统的共振频率变大，并且共振峰值变大，此时隔振装置的隔振性能较好。试验结果表明，所选择的橡胶材料作为隔振材料达到了设计要求。

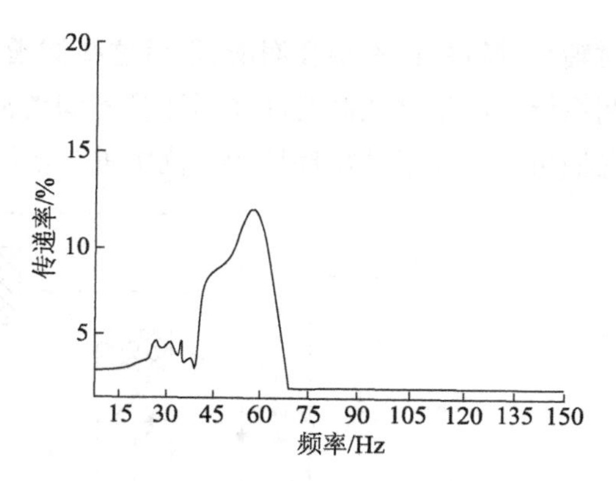

图 4-13　橡胶材料传递率曲线

表 4-3　橡胶隔振器的振动特性

气室初始压强/MPa	新轴振幅/mm	箱体振幅/mm	位移振级落差/dB	理论钻进速度/($mm \cdot s^{-1}$)
0. 1	0. 4390	1. 44E-05	89. 70	58. 53
0. 3	0. 4416	2. 26E-05	85. 81	58. 88
0. 5	0. 4424	2. 32E-05	85. 60	58. 98
0. 6	0. 4426	2. 35E-05	85. 49	59. 01
0. 7	0. 4431	2. 38E-05	85. 38	59. 08
0. 9	0. 4447	2. 46E-05	85. 14	59. 29

4. 1. 1. 5　轴承冷却润滑系统的工作原理与结构特性

动力头系统的振子结构在高速旋转时，存在产热高、散热难以及振子轴轴承磨损严重等问题。为了解决这些问题，研发团队针对性地研制了一套轴承冷却润滑系统，利用润滑油循环控制系统对振子轴轴承进行冷却和润滑。该系统的工作原理如图 4-14 所示。

轴承冷却润滑系统主要由进油管、回油管和油液循环控制系统组成。进油管与设于声波动力头系统主轴箱上的轴承冷却进油口相连接，回油管与设于声波动力头系统主轴箱上的轴承冷却回油口相连接，轴承冷却进油口和轴承冷却回油口均与主轴箱内振子轴轴承所在的偏心轴腔相连通，进油管和回油管分别与油液循环控制系统相连接。润滑油循环控制系统将润滑油通过进油管输入声波动力头系统，然后通过喷油嘴将润滑油喷在振子轴轴承上，对轴承进行快速冷却和润滑，最后这些润滑油经过回油管返回润滑油循环控制系统。由于这些润滑油在回油管和润滑油储存箱中得到冷却和过滤，因此它们可以在润滑油循环控制系统中重复使用。

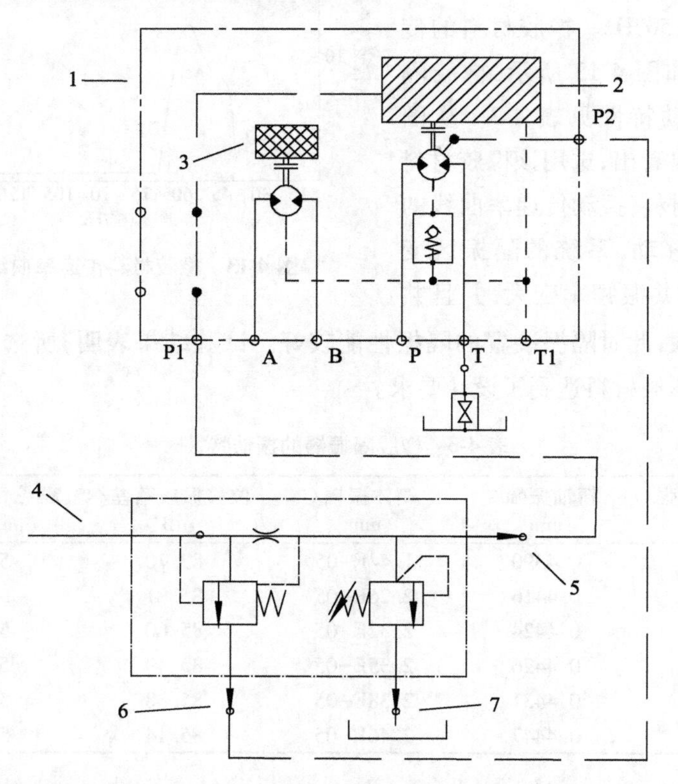

1—高频声波动力头；2—振子轴轴承；3—主轴；4—进油口 P；5—稳流口 A；
6—分流口 B；7—回油口 T。

图 4-14 轴承冷却润滑系统液压示意图

轴承冷却润滑系统利用进油压力传感器检测冷却润滑油的供油压力，在供油压力异常的情况下，由主控器通过液电负载敏感比例阀组控制声波动力头停止工作，防止声波动力头在轴承冷却润滑不良的情况下工作导致轴承损坏，这样可以提高声波动力头的使用安全性和可靠性；同时，利用冷却供油泵和吸油泵相互配合，使冷却润滑油在声波动力头的主轴箱内同步进油和回油，避免偏心轴腔内积油而对偏心振子轴旋转振动造成阻力。与其他轴承冷却技术相比，该技术能够在轴承运转过程中实现轴承循环喷油冷却，解决了高频声波动力头偏心振动轴承高速运转时存在的温度过高、使用寿命短的问题,保证了偏心振子轴的旋转振动效率。

采用润滑油循环控制系统对振子轴轴承进行冷却和润滑,大幅度降低了振子轴轴承工作时的温度,显著减少了振子轴轴承高温工作的损耗,有效延长了振子轴轴承的工作寿命。同时,工作温度降低,也使得振子轴轴承的材料性能问题得到了缓解,从而使偏心振动式声波动力头能够以相对更高的振动频率工作,进一步提高了声波动力头的工作效率。

4.1.1.6　动力头系统的结构设计与研制

在完成上述章节的理论分析工作后,研发团队利用专业软件绘制了动力头系统的结构设计示意图(图 4-15、图 4-16、图 4-17),该示意图可作为高频声波钻机典型设备的技术参考。同时,高频声波钻机动力头的拆解与组装如图 4-18 所示。

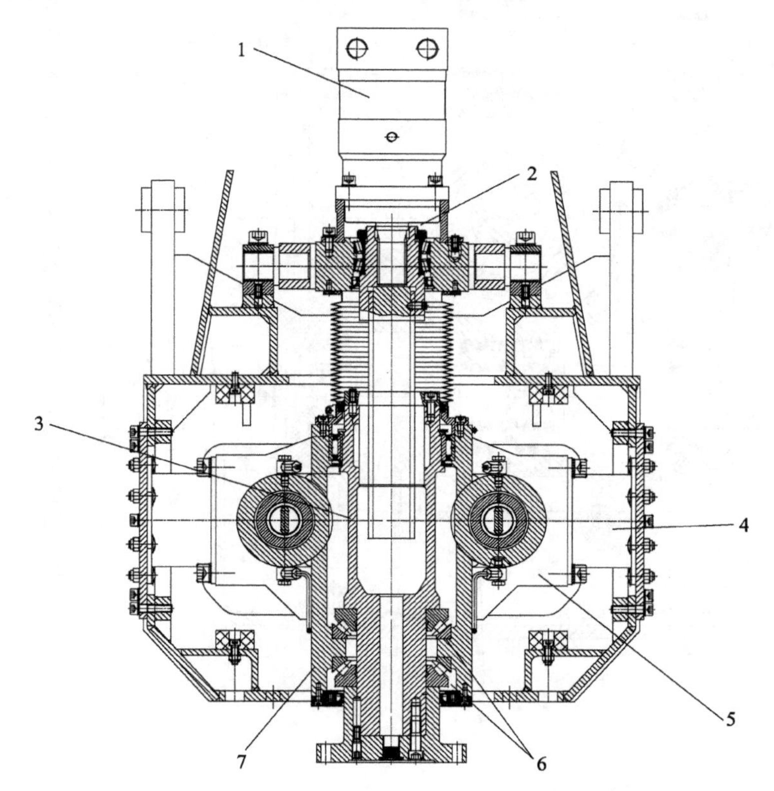

1—主旋转马达;2—联轴器;3—主轴旋转装置;4—隔振装置;5—主轴振动装置;
6—滚子轴承;7—主轴箱。

图 4-15　高频声波动力头结构

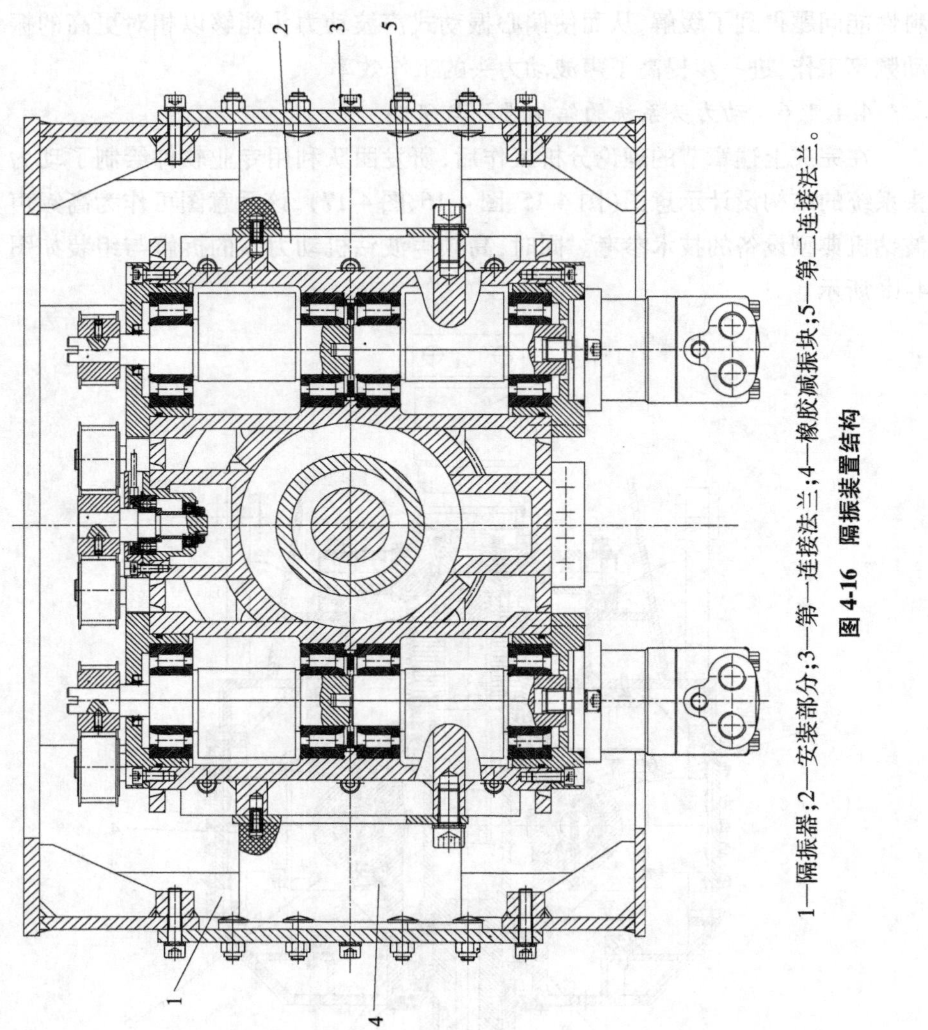

1—隔振器;2—安装部分;3—第一连接法兰;4—橡胶减振块;5—第二连接法兰。

图 4-16 隔振装置结构

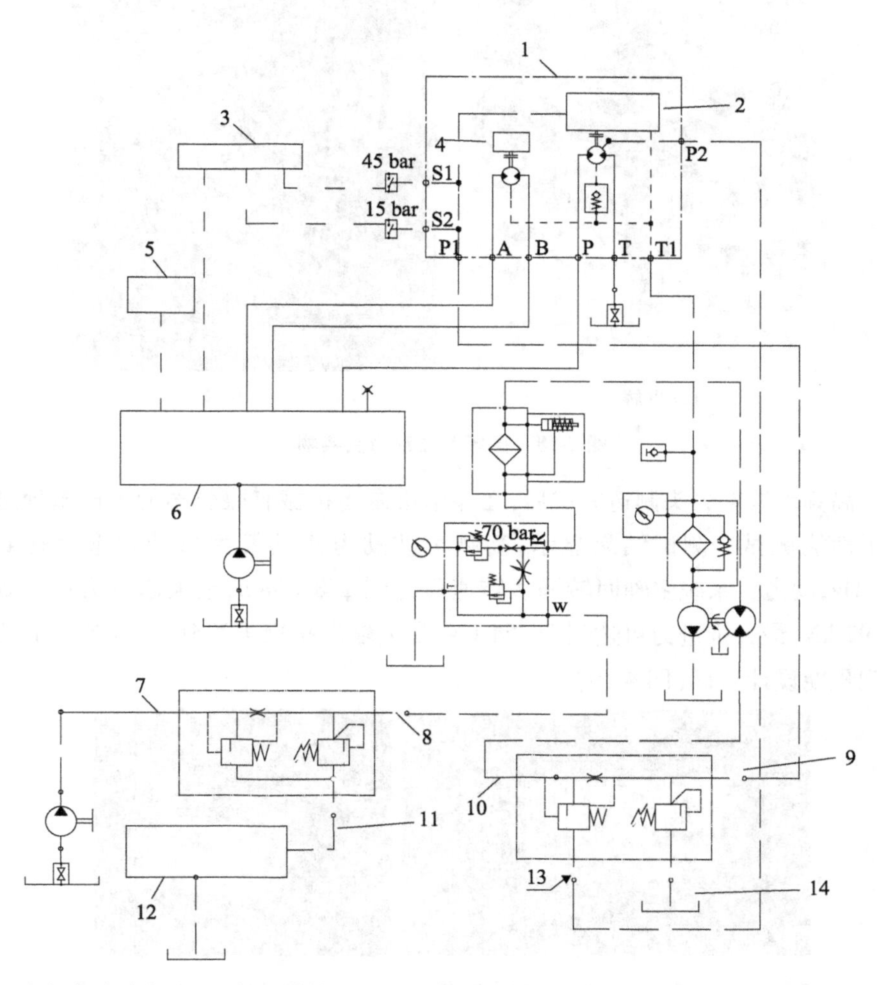

1—高频声波动力头；2—振子轴轴承；3—可编程智能控制器；4—主轴；5—电控操作手柄；6—液电负载敏感比例阀组；7—进油口 P；8—稳流口 A；9—稳流口 A；10—进油口 P；11—回油口 B；12—支腿多路换向阀组；13—分流口 B；14—回油口 T。

图 4-17　冷却润滑系统原理图

(a) 拆解

(b) 组装

图 4-18　高频声波动力头实物

高频声波动力头制造完成后，在溧阳市东南机械有限公司的生产基地进行了性能测试。测试结果显示，高频声波动力头的最大振动频率可达到165 Hz，动力头系统主轴回转马达转速可达到158 r/min，最大起拔力可达到57.92 kN，最大推进力可达到58.54 kN，最大输出扭矩可达到1860 N · m，均达到预期设计目标(图4-19)。

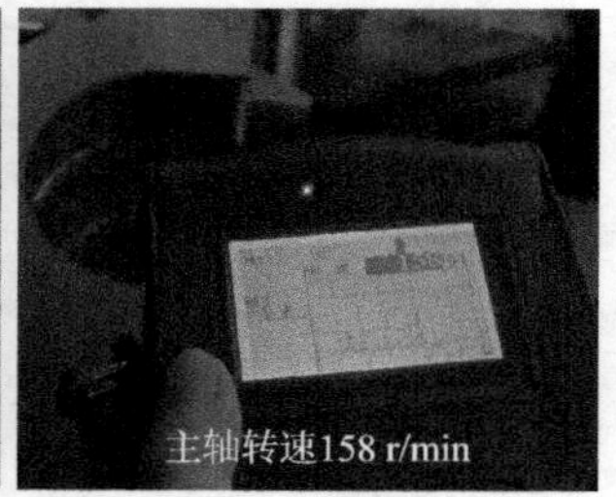

图 4-19　性能测试结果

高频声波动力头各项性能参数的设计值与实际值如表 4-4 所示。

表 4-4　高频声波动力头主要性能参数

参数名称	设计值	实际值
最大起拔力/kN	50	57.92
最大推进力/kN	50	58.54
声波振动频率/Hz	0~150	0~165
主轴转速/($r \cdot min^{-1}$)	120	158
最大输出扭矩/($N \cdot m$)	1200	1860

4.1.2　电气系统与液压系统的工作原理与结构特性

4.1.2.1　基于 PLC 技术的智能化电气系统

高频声波钻机的自动化操控系统研发基于 PLC 技术,此技术在自动化控制领域中具有重要作用。PLC 是一种数字运算操作的电子系统,它采用可编程序的存贮器,存贮逻辑运算、顺序控制、定时、计数和算术运算等操作的指令,并通过数字/模拟的输入/输出控制各种类型的机械或生产过程。

开关类的信号采用 SIEMENS S7-300 系列的数字量输入/输出模块,调速和仪表所需要的信号采用模拟量输入/输出模块,它们和 CPU 以及电源模块相结合,通过二芯双绞线与变频器 CUVC 控制板上的通信板之间建立连接。

本系统的 PLC 网络通信接口为 RS-485 型号的串行接口,该接口采用双绞线连接,即以一对数据线的形式进行连接。系统信息的传递采用半双工通信方式,即在某一时刻,只有一个节点可以发送数据,而另一个节点只能接收数据。

钻机的自动化操控系统首先通过工业控制机将编好的控制程序存入 PLC 中,其次把司钻(钻井过程中操作命令的发出者)发出的指令通过触摸屏发送到 PLC 中进行处理,然后通过 PROFIBUS 总线先将信号远距离传送到 PLC 通信模块被接收,再送至变频器的 CUVC 控制板控制变频器的输出,最后由变频器来控制最终的执行元件——交流变频电机,使电机按照钻井所需要的转速和扭矩来运行。

PLC 技术把具有丰富界面的触摸屏同各种传感器和变频器组合到一起,使钻机的电流、转速、钻压等显示在触摸屏上,以便司钻看到各参数的实时状态,从而实现对钻进过程中钻机参数的实时监控。

为了保证钻机及其配套设备在户外具有强大的适应性，同时考虑到钻机的自动化操控系统需要和液电控制系统配合来完成工作，因此对钻机的自动化操控系统元件在 IP 等级、抗震等级、耐温等级等规格上都做了比较严格的筛选，以保证工作能顺利进行。部分元件的选型及参数见表 4-5。

表 4-5　元件选型及参数

元件名称	参数名称	数值
静态倾角传感器	尺寸 $L\times W\times H$/(mm×mm×mm)	90×62×33.2
	测量轴数量	2
	角度范围/(°)	±45
	工作电压(DC)/V	9.2~30
	初始化时间最大值/ms	1000
	信号输出数量(数字/模拟)	2
	模拟电流输出/mA	4~20
	模拟电压输出(DC)/V	2~10
	精确度/(°)	≤±0.01
	重复精度/(°)	≤±0.01
	分辨率/(°)	0.01
	环境温度/℃	-40~85
	存储温度/℃	-40~85
	外壳防护等级	IP67
压力变送器	测量范围/MPa	0~40
	爆破压力最小值/MPa	160
	工作电压(DC)/V	16~36
	电流损耗/mA	≤6
	绝缘电阻最小值/mΩ	100
	精确度/(°)	≤±1
	重复精度/(°)	≤±0.1
	特征曲线偏差/%	<±1.0
	线性偏差/%	<±0.25
	滞后偏差/%	

续表

元件名称	参数名称	数值
压力变送器	介质温度/℃	-25~90
	存储温度/℃	-40~100
	长时间稳定性/%	<±0. 1
	温度系数零点/%	<±0. 1
	温度系数量程/%	<±0. 1
	反应时间/ms	<20
	阶跃函数响应时间模拟输出/ms	8

研发团队与其他公司共同研发了一种紧凑型移动车辆控制器(图 4-20),该控制器有如下技术特点:① 具有高可靠性、高性能;② 遵循 IEC61131-3 编程标准;③ 支持仿真、断点、流控、变量跟踪等多种调试功能;④ 支持 CANOpen 通信协议;⑤ 支持 Modbus RTU 通信协议;⑥ 坚固铝制外壳、体积小巧、高密度。

图 4-20　紧凑型移动车辆控制器

高频声波钻机控制逻辑示意图如图 4-21 所示。

研发团队在东南机械厂对钻机 PLC 智能控制系统进行了现场试验与跟踪,控制成功率达到 100%。试验证明:① 钻机安装该 PLC 控制系统后,电气故障率由 2. 9‰降低为 0. 4‰,排除故障时间缩短为过去的 30%;② 解决了司钻控制的人机界面交互问题,司钻在触摸屏上能观察到所有钻进参数,包括钻机的电流、电压、速度、转矩、泵压等,数据显示的准确率达到 100%;③ 实现了实时监控,方便司钻操作,使冷却风机、润滑系统与钻机主体实现全面的连接,误操作发生率几乎降低为零;④ 智能防碰控制系统可防止游车上碰下砸事故的发生,钻机整体安全可靠性达到 100%;⑤ PLC 控制系统为钻机增加了自动送钻功能，可以满足恒压送钻、恒速送钻的工艺要求，为高难度井的施工提供了有力的设备保障。

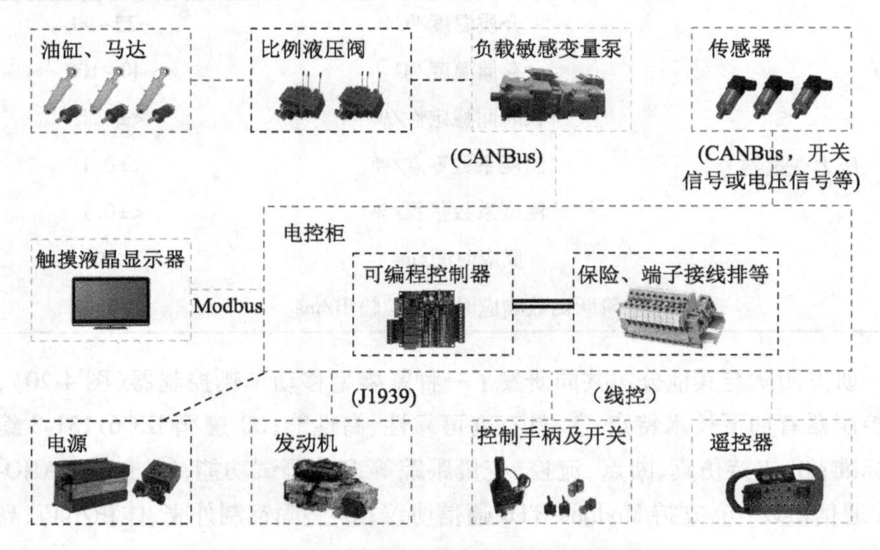

图 4-21　高频声波钻机控制逻辑示意图

在现场试验时，PLC 智能控制系统对钻机发生的故障进行了直观的、准确的显示，使得故障处理时间明显缩短。例如，启动回路故障过去需要 30 min 的处理时间，现在只需 10 min。PLC 控制系统与变频控制系统相结合，其中部分参数（如大钩悬重、转盘转矩、钻压）信号可以从变频器中读取，无须再外加传感器或编码器，避免了重复配置。钻机的主要参数（如大钩悬重、转盘转数、泵压、泵冲、钻压等）信号实时显示在司钻操作台上，有助于司钻及时准确地掌握这些数据，从而方便操作。现场总线的配合使用，取消了以往需几十芯信号电缆组装，不仅便于拆、装，还加快了信号的传输速率，减少了故障点。

4.1.2.2　负载敏感液压系统

负载敏感液压控制技术是液压传动控制领域的一项革新技术，起源于 20 世纪 90 年代。随着国外挖掘机液压系统的发展，负载敏感液压控制技术凭借效率高的特点成为传动与控制系统最理想的技术方案。针对复杂多变的被控系统，负载敏感控制技术能够与自动控制技术联合工作，精确、快速、稳定地控制输出被控系统所需要的液压动力。

根据系统控制方式的差异，负载敏感系统分为负载敏感阀控制系统和负载敏感变量泵控制系统两类。在负载敏感阀控制系统中，动力输出采用定量泵加溢流阀的方式,负载敏感核心控制元件是二通直通式定差减压阀。定量泵的排量、发动机的转速均保持恒定不变,所以液压泵输出流量是恒定不变的,流量的改变是通过二通直通式定差减压阀来实现的。在负载敏感变量泵控制系统中,负载敏感核心控制元件是负载敏感变量柱塞泵,其输出的油液流量能够随着执行元件的负载变化而变化。

负载敏感液压系统以负载敏感变量泵作为液压动力源,以负载敏感比例多路阀作为控制元件,具有能够跟随液压负载大小而调节系统输出,使动力源输出功率与负载消耗功率相匹配的优势。当负载压力升高至液压泵能够承受的最大压力时,变量泵内集成的溢流阀发挥作用,使系统压力不再升高,从而起到保护作用。因此,与定量泵系统以及其他普通变量泵系统相比,负载敏感液压系统具有明显的节能作用,能够提高生产效率,延长液压元件的使用寿命。同时,因为泵的输出排量及阀的开口量可以无级调节,系统执行元件的运转速度也能够无级调节,所示系统的启动和停止平稳无冲击。

本钻机选择丹佛斯柱塞变量双联泵 JR-R-075 C+JR-R-045 B 作为主泵,该双联泵能够自动控制流量。设计时主要考虑泵输出流量及功率,其主要参数以及相关计算如下所示。

(1) JR-R-075 C

公称压力为 35 MPa。

峰值压力为 40 MPa。

排量为 $V_g=75\ \mathrm{m^3/s}$。

最大转速为 $v_{\max}=2400\ \mathrm{r/min}$。

达到 $N_{\max}$ 和 $v_{\max}$ 时的流量为 180 L/min,变量方式为负载敏感,则泵输出流量为

$$q_v=\frac{V_g\cdot n\cdot\eta_t}{1000}=\frac{75\times1500\times0.95}{1000}=106.88\ \mathrm{L/min} \tag{4-9}$$

式中:q_v、V_g、n、η_t 分别为泵输出流量、泵排量、转速和容积效率。

功率为

$$P=\frac{2\pi\cdot t\cdot n}{6000}=\frac{q_v\cdot\Delta p}{600\cdot\eta_t}=\frac{106.88\times320}{600\times0.9\times0.95}=66.67\ \mathrm{kW} \tag{4-10}$$

式中:P、n、η_t、t 分别为功率、转速、容积效率和运行时间;Δp 是指负载敏感液压系统的总压力,固定值 320 MPa。

(2) JR-R-045 B

公称压力为 35 MPa。

峰值压力为 40 MPa。

排量为 $V_g=45\ m^3/s$。

最大转速为 $v_{max}=2800\ r/min$。

达到 N_{max} 和 v_{max} 时的流量为 273 L/min,变量方式为负载敏感,则泵输出流量为

$$q_v=\frac{V_g\cdot n\cdot \eta_t}{1000}=\frac{45\times1500\times0.95}{1000}=64.13\ L/min \tag{4-11}$$

式中:q_v、V_g、n、η_t 分别为泵输出流量、泵排量、转速和容积效率。

功率为

$$P=\frac{2\pi\cdot t\cdot n}{6000}=\frac{q_v\cdot\Delta p}{600\cdot\eta_t}=\frac{64.13\times320}{600\times0.9\times0.95}=40.00\ kW \tag{4-12}$$

式中:P、n、η_t、t 分别为功率、转速、容积效率和运行时间;Δp 是指负载敏感液压系统的总压力,固定值 320 MPa。

本钻机确定驱动泥浆泵作为副泵,设计时主要考虑泵的输出流量以及功率,其主要参数以及相关计算如下所示。

公称压力为 35 MPa。

峰值压力为 40 MPa。

排量为 $V_g=71\ m^3/s$。

最大转速为 $v_{max}=2200\ r/min$。

达到 N_{max} 和 v_{max} 时的流量为 156 L/min,变量方式为负载敏感,则泵输出流量为

$$q_v=\frac{V_g\cdot n\cdot \eta_t}{1000}=\frac{71\times1500\times0.95}{1000}=101.18\ L/min \tag{4-13}$$

式中:q_v、V_g、n、η_t 分别为泵输出流量、泵排量、转速和容积效率。

功率为

$$P=\frac{2\pi\cdot t\cdot n}{6000}=\frac{q_v\cdot\Delta p}{600\cdot\eta_t}=\frac{101.18\times320}{600\times0.9\times0.95}=63.11\ kW \tag{4-14}$$

式中:P、n、η_t、t 分别为功率、转速、容积效率和运行时间;Δp 是指负载敏感液压系统的总压力,固定值 320 MPa。

在主回路中,主要通过负载敏感双联变量泵控制系统,继而控制动力头

给进及回转。在实施钻进时，钻机负载两回路会不断改变自身负载，为了让回路之间的压力以及流量不会相互产生影响，本钻机确定 HLPSV 型负载敏感比例多路换向阀为液压控制元件，具体为 HLPSV 5C1C/280-5 型的 4 联阀和 HLPSV 5C1C/280-3 型的 10 联阀作为多路阀(图 4-22)。此阀具有大通径的特点，采用阀后压力补偿可以将负载独立的流量进行分配。

图 4-22　HLPSV 阀组三维图

在负载敏感液压系统中，液压马达和给进油缸的负载压力信号经过梭阀比较后再经过阻尼器作用传输到定差溢流阀的弹簧腔上，此时定差溢流阀调节系统的压力值始终为负载压力值与弹簧力之和。在负载敏感液压系统的控制下，泵出口压力与变化的负载压力持续匹配，系统不会输出多余的流量，从而实现系统节能。液压马达和给进油缸的控制方式相同，电磁换向阀液压油进口处装有定差减压阀，其具有负载补偿功能，这样的控制方式使得各换向阀彼此独立，各执行部件能够同时并相互独立以不同速度和压力工作，有助于减少钻杆的磨损。当负载压力高过安全阀的预设值时，系统安全阀打开，起到保护系统的作用。

当泵输出压力大于系统安全压力时，溢流阀迅速开启溢流，使输出压力降至系统安全压力之内；当负载小且缓慢增加时，泵输出压力输出为大于负载压力的恒定值，高出负载压力的部分用于补充系统内泄引起的压力降；当负载压力产生波动时，泵输出压力随之波动，始终高于负载压力一定的数值，且输出压力随动响应速度快，自适应效果好。

液压控制系统由钢板控制箱、负载敏感比例多路阀组、伸缩悬臂、遥控发射器等组成(图 4-23)，实物如图 4-24 所示。

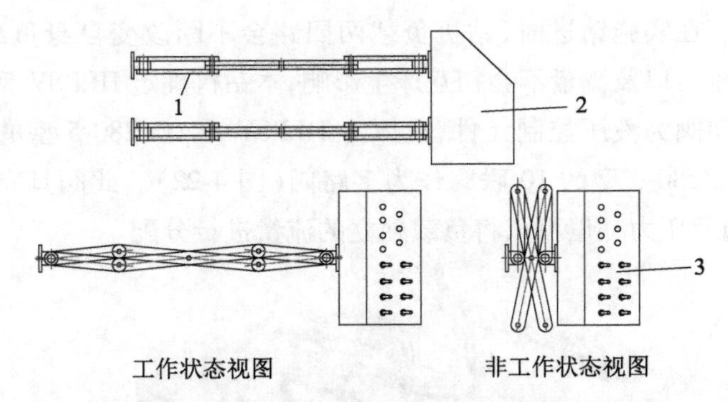

1—伸缩悬臂；2—钢板控制箱；3—负载敏感比例多路阀组。

图 4-23　液压控制系统示意图

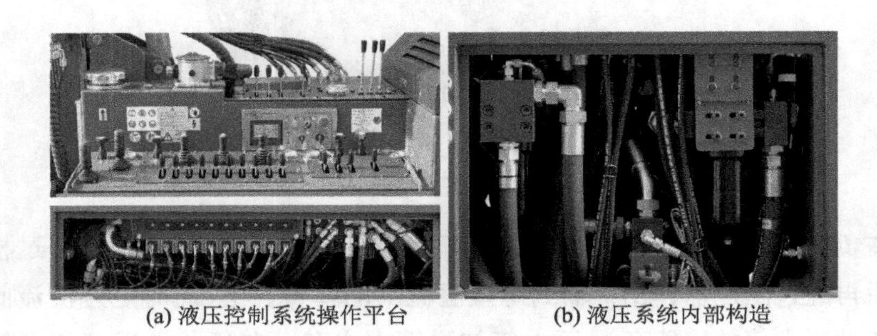

(a) 液压控制系统操作平台　　(b) 液压系统内部构造

图 4-24　液压系统实物

4.1.3　钻机主体系统的工作原理与结构特性

ZHDN-SDR 150A 为多功能履带式高频声波钻机，该钻机的控制系统主要由两部分构成：① 由电路控制、液压控制及手动控制组成的控制系统；② 高科技液压负载敏感反馈系统。高频声波钻机的总体结构包括主机系统（履带底盘系统、履带底架系统、立柱系统、固定立柱系统、抓杆系统、排杆系统、夹持系统、横梁系统、横梁轨系统、声波动力头支架系统、绞车悬臂系统、水箱系统、液压油箱系统、钢铝拖链系统、机外壳系统、液压控制系统、推土装置系统）和辅机系统（柴油发动机、柴油油箱、高压油管、液压油缸、高弹联轴器、液压油泵、板式液压油散热器、液压绞车、液压马达、高压水泵、泥浆泵）。高频声波钻机由柴油发动机提供钻探动力，通过液压主泵、辅泵、控制元件及执行元件相配合实行整机联动，以高频声波钻进方式实现快速、高效和高保真的地块调查钻探采样。

钻机主机系统总体结构设计如图4-25所示,钻机实物如图4-26所示。

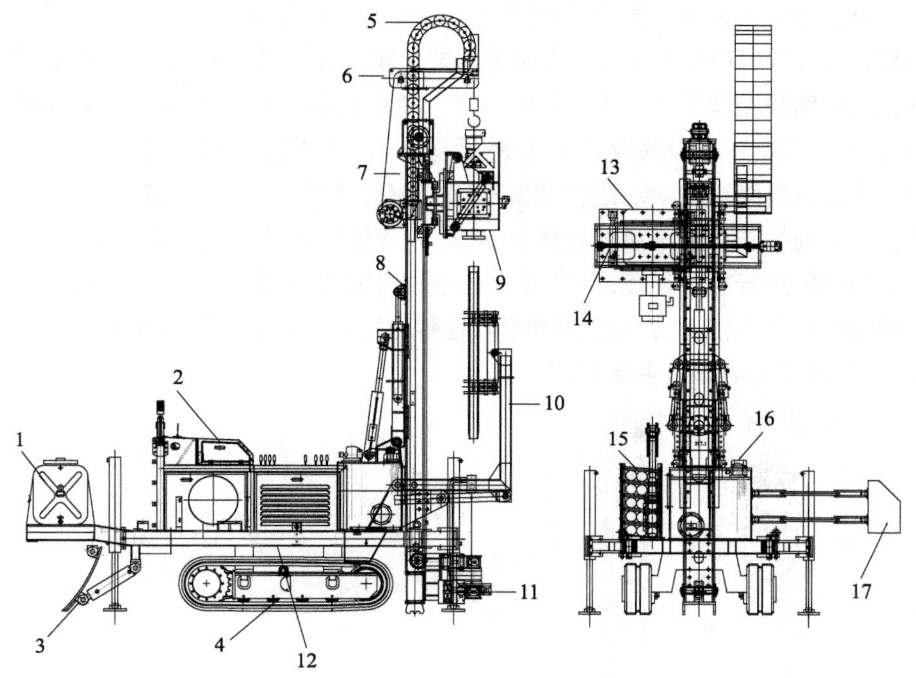

1—水箱系统;2—机外壳系统;3—推土装置系统;4—履带底盘系统;5—钢铝拖链系统;6—绞车悬臂系统;7—立柱系统;8—固定立柱系统;9—声波动力头支架系统;10—抓杆系统;11—夹持系统;12—履带底架系统;13—横梁轨系统;14—横梁系统;15—排杆系统;16—液压油箱系统;17—液压控制系统。

图4-25　高频声波钻机主机系统结构

图4-26　高频声波钻机实物

4.1.3.1 立柱系统

立柱系统由钢板箱体、移动滚轮装置、固定滚轮装置、拉力板链组、升降液压油缸、滑动导轨、液压油缸支座等组成。本立柱系统为箱式体，上弦板设计钢板中间长距离掏空，便于安装油缸。油缸和移动滚轮装置安装在箱体内，首先安装上下弦面的滑动导轨，然后安装两头的固定滚轮装置，最后将三组拉力板链组缠绕在移动滚轮装置和固定滚轮装置上。立柱系统的升降液压油缸一面安装在液压油缸支座上，另外一面固定安装在立柱系统上，这样可以使油缸进行上下行程，以带动立柱系统升起和回落。另外，液压绞车安装于立柱箱体下弦背面，采用螺栓进行连接固定。立柱系统结构如图 4-27 所示，立柱系统实物如图 4-28 所示。

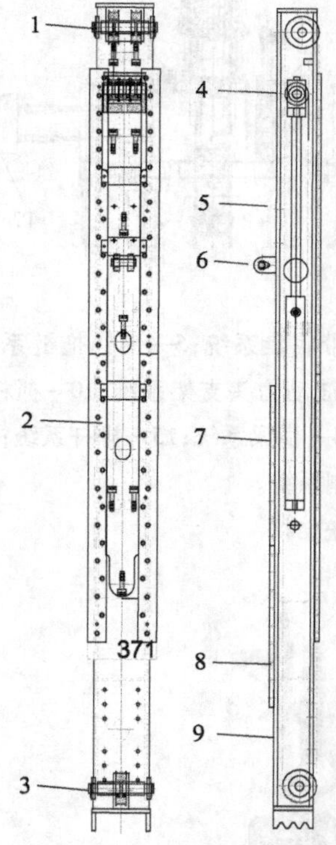

1—固定滚轮装置；2—升降液压油缸；
3—固定滚轮装置；4—移动滚轮装置；
5—绞车支架；6—液压油缸支座；
7—滑动导轨；8—钢板箱体；
9—拉力板链组。

图 4-27 立柱系统结构

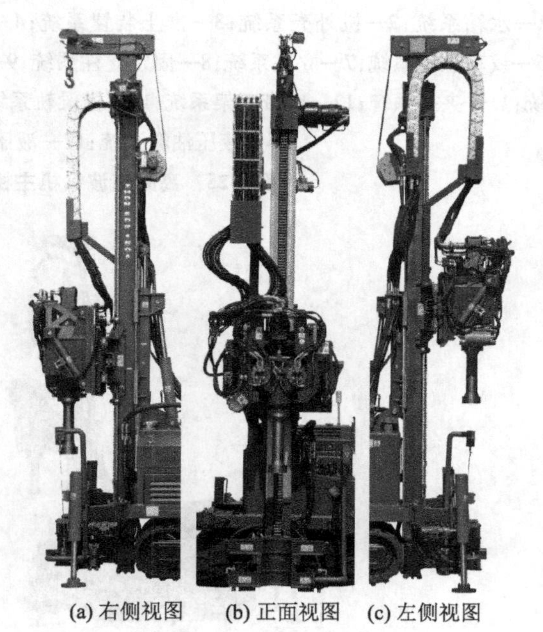

(a) 右侧视图 (b) 正面视图 (c) 左侧视图

图 4-28 立柱系统实物

4.1.3.2　夹持系统

夹持系统由夹持旋转箱装置、夹持上下固定装置、滑动箱、橡胶夹头、夹紧卸扣液压油缸、旋转液压油缸、销轴等组成。夹持上下固定装置利用螺栓安装于立柱系统上，当夹紧卸扣液压油缸工作时夹紧钻杆；夹持旋转箱装置通过旋转液压油缸的伸缩作用在夹持上下固定装置上做圆周轨迹旋转运动，可以松动钻杆接套。本设备需要配备两套夹持系统上下并列互相合作使用，一套夹持钻杆，另一套夹持钻杆接套。夹持系统结构如图 4-29 所示，夹持系统实物如图 4-30 所示。

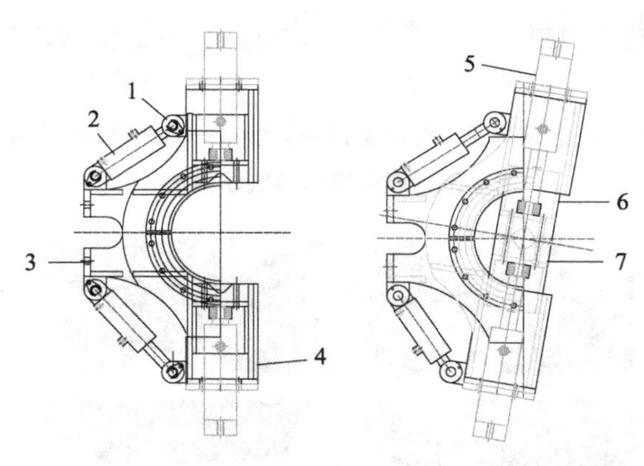

1—销轴；2—旋转液压油缸；3—夹持上下固定装置；4—夹持旋转箱装置；
5—夹紧卸扣液压油缸；6—滑动箱；7—橡胶夹头。

图 4-29　夹持系统结构

图 4-30　夹持系统实物

4.1.3.3　履带底盘系统

履带底盘系统由行走履带、行走马达、履带轮、支架等组成，设计载重极限 6 t，配备两组各自独立的马达系统。履带底盘系统工作时，马达系统通过油路的控制可并驱运行,也可各自独立运行;转弯行走时,一组马达运行驱动履带前行,另一组马达锁定不动。履带底盘系统示意图如图 4-31 所示,履带底盘系统实物如图 4-32 所示。

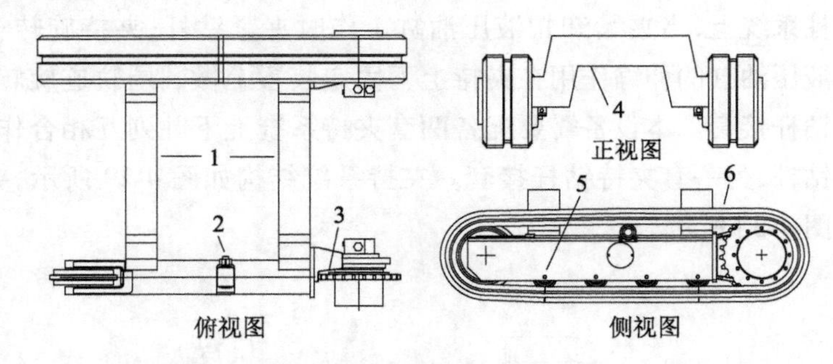

1—底盘;2—行走马达;3—履带轮;4—支架;5—辅助轮;6—行走履带。

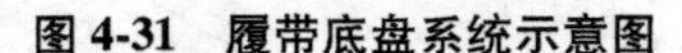

图 4-31　履带底盘系统示意图

图 4-32　履带底盘系统实物

4.1.3.4　其他系统

① 抓杆系统。主要由固定底座、机械手装置、矩形管力臂装置、液压油缸、销轴、无油轴承组成。该系统安装于履带底架上,机械手装置由抓手和油缸组成,抓手可以抓取直径 60~200 mm 的钻杆;通过油缸行程的控制,可以使矩形管力臂装置形成旋转状态,从而使抓手抓取钻杆后成直立状态,以达到连续装接钻杆的目的。

② 排杆系统。主要由固定底板、槽钢立柱、分隔板、销栓杆、圆钢挡杆、斜度板、卡销、隔套组成。排杆系统安装在履带底架上,相隔距离根据钻杆的长度进行调节。装载钻杆时,首先将分隔板旋转到与槽钢立柱平行的状态,然后将钻杆堆叠排列在斜度板上,最后旋转放下分隔板一侧使其落入卡销锁定,直到钻杆堆叠排列于分隔板上。槽钢立柱为长腰滑槽的设计,分隔板可

以上下调整位置，因此分隔板上可以堆叠排列多层钻杆，具体层数根据钻杆直径确定。抓手卸载钻杆时，卸载流程与装载流程相反。

③ 绞车悬臂系统。主要由钢板焊接框架、钢底板、销轴、钢丝绳导轮、隔套、轴承组成。

④ 横梁系统。主要由横梁钢板、导轨、端面钢板、轴承座、丝杆螺母、丝杆、大扭矩摆线液压马达组成。横梁系统的横梁钢板与立柱右轨系统采用螺栓连接，大扭矩摆线液压马达低速运转，丝杆螺母带动横梁轨系统在其轨面上左右滑移。

⑤ 横梁轨系统。主要由轨底板、滑动轨板、固定座、无油铜衬板、压板、滚轮架、导向滚轮组成。横梁轨系统与声波动力头支架系统的轨底板采用螺栓连接，其滑轨面在横梁系统导轨上滑行。横梁轨系统的滚轮组配有三组可调节安装方向的导向滚轮，可以根据实际情况进行不同方向的调整。横梁轨系统与横梁系统导轨的接触面配有无油铜衬板，可以降低摩擦系数，以减少摩擦损耗而延长寿命。

⑥ 声波动力头支架系统。主要由底板、异形耳板、声波动力头、销轴、油缸座、液压马达、液压油缸、夹紧分离装置组成。声波动力头支架系统与横梁轨系统轨底板采用螺栓连接，当支撑油缸工作时，声波动力头通过固定铰链的作用可以旋转 10°左右，从而将钻杆内的土壤原样完整排出。

⑦ 推土装置系统。主要由推土板、油缸支座、液压油缸、挡土导向板组成。当油缸工作时，可以收拢和回落推土板，以推开钻机前部碎石土等障碍物。本系统适用于钻机机械前进受阻、复杂的野外工作等情况。

⑧ 水箱系统。主要由钢板焊接箱体、槽钢支架、注水口盖、盖法兰圈、出水口阀门组成。

⑨ 液压油箱系统。主要由钢板焊接箱体、控制箱旋臂支座、油箱清洗盖、空滤注油塞、吸油过滤器、回油过滤器、液位温度计、放油塞组成。

⑩ 钢铝拖链系统。主要由拖链主支架、拖链副支架、钢铝拖链组成。

⑪ 机外壳系统。主要由型钢框架、顶板、侧板、端板、透气窗门组成。

⑫ 辅机系统。包括柴油发动机、柴油油箱、高压油管、液压油缸、高弹联轴器、液压油泵、板式液压油散热器、液压绞车、液压马达、高压水泵、泥浆泵。

4.1.4 钻具系统的工作原理与结构特性

4.1.4.1 力学特性分析

对在钻探采样工作过程中的钻机的取土器钻头进行受力分析，从而建立钻具的受力模型。从受力分析可知，钻具在切削土壤时所受的切削阻力主要为三种作用力，即贯入阻力（端面阻力）、摩擦阻力与附着力（黏着力）。

贯入阻力与土壤本身性质和土层深度有关，现以抗压入强度代表其贯入阻力的强度。土壤摩擦力可分为内摩擦力与外摩擦力，内摩擦力是指土壤颗粒间发生相对运动时所受到的阻力，外摩擦力是指土壤与钻具间相对滑动时产生的阻力。现在进行受力分析仅考虑土壤与钻具间的外摩擦力，即

$$F_f = N\tan\varphi \tag{4-15}$$

式中：φ 为土壤内摩擦角；N 为作用在钻具上的法向载荷。

附着力（黏着力）由钻具与土壤接触面之间的水膜张力产生，与土壤本身的性质如含水量和钻具的材料、光滑程度等有关。土壤附着力随其湿度的增加而增大，达到一定峰值后，若含水量再增加，则附着力开始降低。公式如下：

$$F_{附} = \mu' N' S \tag{4-16}$$

式中：μ' 为单位面积附着系数；N' 为水膜吸附作用产生的法向载荷；S 为吸附水膜作用面积。通常土壤附着系数为 0.02/m～0.21/m。本书分析中忽略岩土层附着力的影响。

如图 4-33 所示，静力载荷由于加载过程缓慢，产生的加速度小，因此忽略其惯性效应，在此过程中，可以认为各部分都处于静力平衡状态。

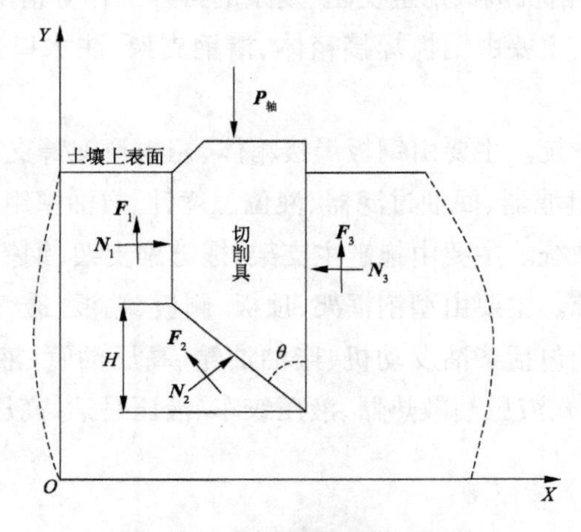

图 4-33 钻具切削受力分析

钻头切削刃受力主要有轴向压力 $P_{轴}$，土体或岩体对钻具的法向压力 N_1、N_2、N_3，同时岩土体会对钻具切削刃产生摩擦力 F_1、F_2、F_3。根据图 4-33 坐标系列出在 X、Y 方向上的平衡方程式，求解并得到切入深度 H 与钻具参数、岩土体参数之间的关系，即

$$\sum F_X = N_1 + N_2\cos\theta - N_3 - N_2\tan\varphi\sin\theta = 0 \tag{4-17}$$

$$\sum F_Y = P_{轴} - N_2\sin\theta - N_3\tan\varphi - N_1\tan\varphi - N_2\tan\varphi\cos\theta = 0 \tag{4-18}$$

式中：θ 为岩土体摩擦角。

为简化分析，仅考虑钻头切削刃处，N_1 法向作用力不予考虑，即 $N_1=0$，摩擦力 $F_1=0$，则有

$$N_3 = \frac{N_2\cos(\theta+\varphi)}{\cos\varphi} \tag{4-19}$$

$$N_2 = \frac{P_{轴}(\cos\varphi)^2}{\sin(\theta+2\varphi)} \tag{4-20}$$

钻头切削刃压入岩土体时，岩土体的抗压强度为 σ，故切削面上单位压力公式为

$$\sigma_i = \sigma\sin\theta \tag{4-21}$$

将钻头切削刃环面一侧的宽度假设为 l，则其面积 S 为

$$S = \frac{H}{\cos\theta}l \tag{4-22}$$

通过代入计算，可得

$$N_2 = \sigma_i S \tag{4-23}$$

$$\frac{P_{轴}(\cos\varphi)^2}{\sin(\theta+2\varphi)} = \sigma\sin\theta\frac{H}{\cos\theta}l \tag{4-24}$$

由上述公式可知，切入深度 H 与轴向载荷成正比，与岩土体的抗压强度、钻头切削刃的角度成反比。

当钻具受到冲击或振动载荷时，钻具具有一定的惯性力即产生轴向的加速度 a，已知水平方向上的合力为 F_X，钻具的质量为 m，则上述公式可转化为

$$\sum F_X = N_2\cos\theta - N_3 - N_2\tan\varphi\sin\theta = 0 \tag{4-25}$$

$$\sum F_Y = P_{轴} - N_2\sin\theta - N_3\tan\varphi - N_2\tan\varphi\cos\theta = ma \tag{4-26}$$

化简可得

$$N_3=\frac{N_2\cos(\theta+\varphi)}{\cos\varphi} \tag{4-27}$$

$$H=\frac{(P_{轴}-ma)(\cos\varphi)^2}{l\sigma\sin(\theta+2\varphi)\tan\theta} \tag{4-28}$$

随着钻头结构外径的增减，切削刃角度也随之变化。切削刃倾角增大，其钻头环形厚度也会增大，钻头质量提高，通过式(4-28)可知，钻具质量、切削刃倾角与切入深度均成反比。

4.1.4.2　疲劳损伤分析

疲劳累积损伤理论认为，当材料承受交变载荷作用时，交变载荷每循环一次都会对材料产生一定的疲劳损伤，而这种损伤通过叠加，损伤量的和一旦超过临界值就会使材料发生疲劳破坏。疲劳累积损伤主要分为线性累积损伤、非线性累积损伤和双线性累积损伤。本书主要研究线性累积损伤。

线性疲劳损伤理论采用 Miner 法则，其假设承受交变载荷作用时每一次产生的损伤量可以叠加，当损伤量的和超过极限值时就会发生疲劳破坏。损伤量的计算公式如下：

$$D=\frac{n_1}{w_1}=\frac{N}{W} \tag{4-29}$$

式中：n_1 为循环次数；w_1 为循环次数为 n_1 时吸收的能量；N 为发生疲劳损坏前的总循环数；W 为发生疲劳损坏前吸收的总能量。

总损伤量的数学表达式为

$$D=\sum_{i=1}^{j}\frac{n_i}{N_i} \tag{4-30}$$

式中：D 为总损伤量；N_i 为在不同应力 σ_i 水平下产生的疲劳损伤；n_i 为各应力水平下对应的循环次数。当总损伤量 $D=1$ 时，材料即发生疲劳破坏。

4.1.4.3　松软地层配套活塞式钻具

(1) 活塞式钻具的工作原理与结构设计

活塞式钻具总体结构如图 4-34 所示，活塞式钻具中平衡器结构如图 4-35 所示，活塞式钻具中压缩杆结构如图 4-36 所示。

钻机在松软地层中配套使用的为活塞式钻具，其主要包括钻杆和钻头两部分，钻具整体均采用螺纹式连接。钻杆的上端通过连接头与平衡器连接，下端与钻头连接，钻杆内设有橡胶活塞。平衡器包括能与连接杆连接的上阀体、能与连接头连接的下阀体和阀芯；阀芯包括螺杆门芯、压缩弹簧Ⅰ、上弹簧安装座、下弹簧安装座和锁紧螺母,下阀体插入上阀体内,并且下阀体与上阀体连接;螺杆门芯的上端自下阀体伸入上阀体内,且螺杆门芯的上端依次穿过下弹簧安装座、压缩弹簧Ⅰ和上弹簧安装座后与锁紧螺母连接,其中下弹簧安装座与下阀体连接;螺杆门芯的下端芯子位于下阀体内,且螺杆门芯的下端芯子设置于出水通道与进水通道之间,进水通道与开设于下阀体侧壁上的注水孔连通。

活塞式钻具还包括压缩杆和一根连接杆,连接杆的下端为用以与上阀体连接的下连接段,连接杆的上端为用以与下连接段连接的上连接段;压缩杆设于连接杆内,压缩杆包括钢杆和 PVC 管,PVC 管的两端均固设有空心钢帽;钢杆的上端穿过空心钢帽、压缩弹簧Ⅱ、压块后与销轴相连。

活塞式钻具设有至少两根连接杆,压缩杆设于连接杆内,压缩杆与平衡器之间设有至少一根支撑内杆,支撑内杆由 PVC 管及固设于 PVC 管两端的空心钢帽构成。

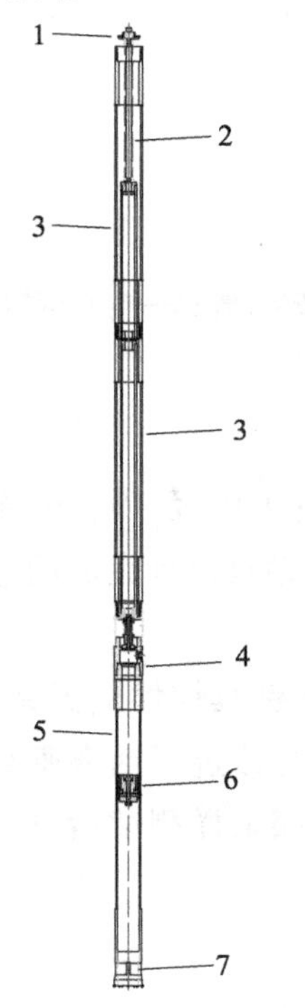

1—压块;2—钢杆;3—连接杆;4—连接头;5—钻杆;6—橡胶活塞;7—钻头。

图 4-34 活塞式钻具结构

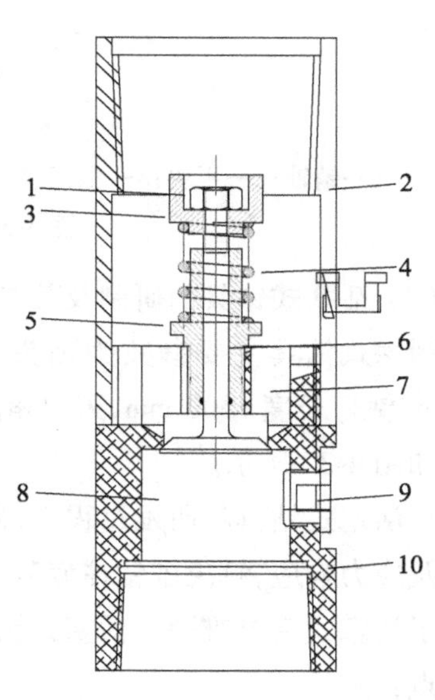

1—锁紧螺母;2—上阀体;3—上弹簧安装座;4—压缩弹簧Ⅰ;5—下弹簧安装座;6—螺杆门芯;7—出水通道;8—进水通道;9—注水孔;10—下阀体。

图 4-35 平衡器结构

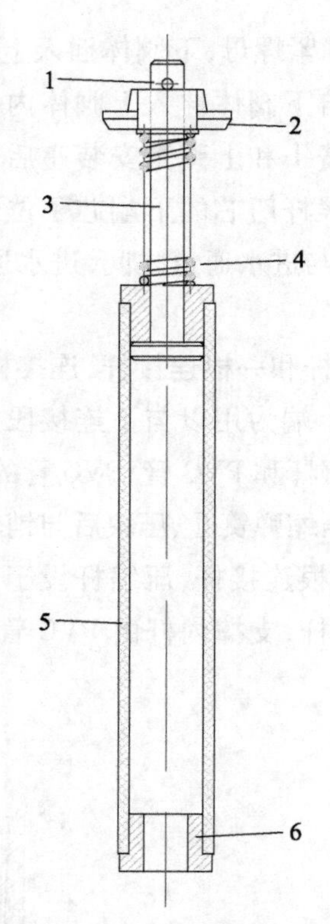

1—销轴;2—压块;3—钢杆;4—压缩弹簧Ⅱ;5—PVC 管;6—空心钢帽。

图 4-36　压缩杆结构

（2）活塞式钻具的研制及其参数

活塞式钻具主要参数为钻头外径 92 mm、钻头内径 75 mm、钻杆直径 90 mm、钻杆长度 1500 mm、刃口角度 15°。活塞式钻具设计完成后进行制造，实物如图 4-37 所示。

在活塞式钻具的研发过程中，研发团队计算了钻具惯性边界钻柱的稳态位移及应力响应，解决了钻柱疲劳寿命的问题，同时改进了活塞密封圈设计，解决了活塞式密封难题。活塞式钻具经过实地钻探采样测试后，证明具有如下特点：

① 活塞式钻具的结构简单，拆装方便；

② 取样及卸样方便，土样保真度高。

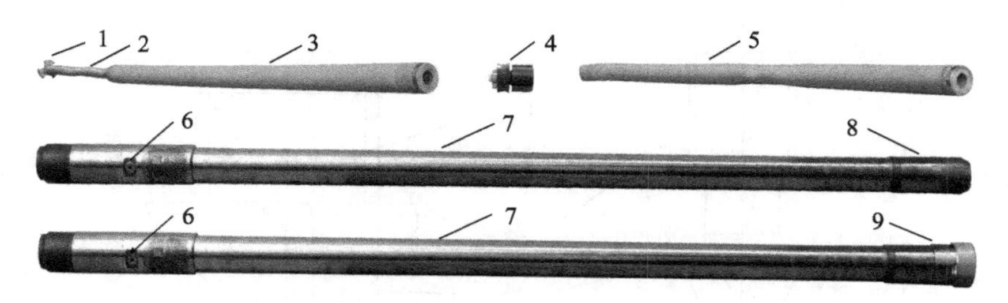

1—压块；2—压缩弹簧；3—PVC 管；4—活塞；5—连接管；
6—注水口；7—钻杆；8—钻头；9—取样管连接器。

图 4-37　活塞式钻具实物

4.1.4.4　中等硬度地层配套单壁式钻具

（1）单壁式钻具的工作原理与结构设计

单壁式钻具总体结构如图 4-38 所示，单壁式钻具中丢弃器的结构如图 4-39 所示，单壁式钻具中丢弃锥结构如图 4-40 所示。

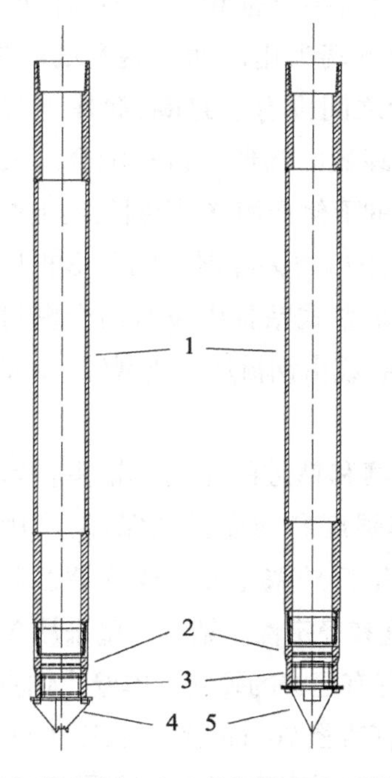

1—90 型连接杆；2—丢弃器；3—O 型密封圈；4—丢弃锥 1；5—丢弃锥 2。

图 4-38　单壁式钻具结构

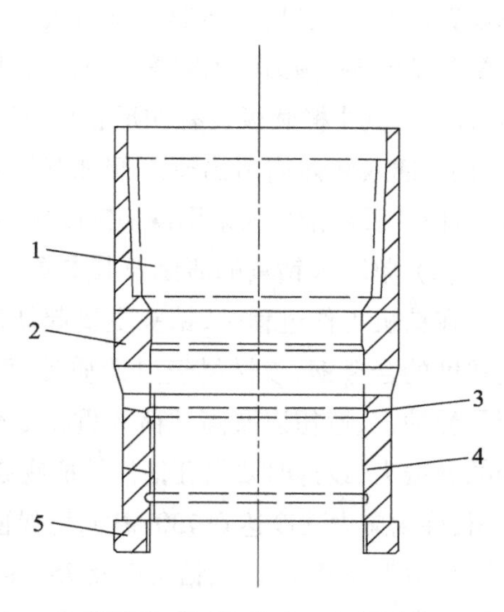

1—螺纹孔；2—筒体；3—密封圈槽口；4—腔体；5—凸形止口。

图 4-39　丢弃器结构

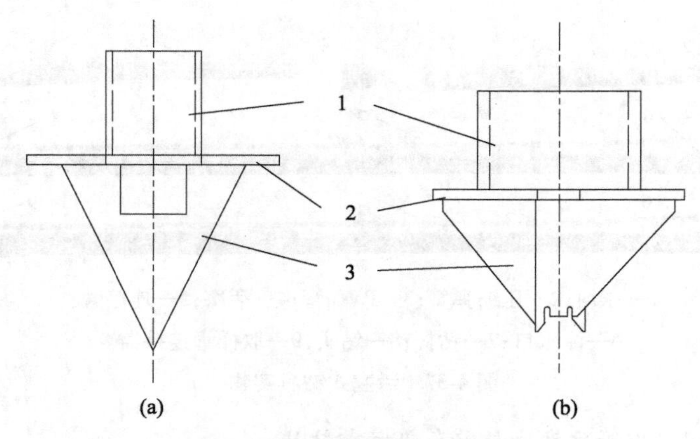

1—锥头;2—椭圆板;3—钢管。

图 4-40　丢弃锥结构

钻机在中等硬度地层中配套使用的为单壁式钻具,其主要结构包括钻杆、丢弃器和丢弃锥,钻杆的下端通过丢弃器与丢弃锥相连。丢弃器的筒体内上端为用以与钻杆连接的螺纹孔,筒体内下端为用以插入钢管的腔体,该腔体上设有密封圈槽口,密封圈槽口与钢管之间设有密封圈;筒体下端为对称设置的凸形止口,该凸形止口与丢弃锥椭圆板的凹形止口相配合。丢弃锥主要包括锥头、椭圆板和钢管,锥头与椭圆板的下侧面固连,椭圆板的上侧面与钢管固连,其中椭圆板设有凹形止口,该凹形止口与丢弃器上的凸形止口相配合,钢管插入筒体内后由密封圈涨紧固定。单壁式钻具中设有两个密封圈槽口,对应的丢弃锥分为采用铸钢制成(图 4-40a)或由钢板加工成型(图 4-40b)。

(2) 单壁式钻具的研制及其参数

在钻机工作过程中,钻头主要起切割土壤和钻进的作用。钻头材料选择高强度的合金钢,该材料经过调质处理后其强度和硬度得到保证,可用于制造承受冲击、弯扭以及高载荷的重要零件。钻杆外壁主要承受周期性高频振动的激振力,设计时要保证钻杆的抗疲劳强度和稳定性。钻具外壁采用 Y40Mn 钢材,许用应力强度达到 730 MPa,可保证外管有足够的硬度。单壁式钻具主要参数为钻头外径 92 mm、钻头内径 75 mm、钻杆直径 90 mm、钻杆长度 1500 mm、刃口角度 15°。单壁式钻具设计完成后进行制造,实物如图 4-41 所示。

单壁采样器在研发过程中同样解决了钻柱疲劳的问题,切割钻头设计解决了坚硬地层取样难问题。单壁式钻具经过实地钻探采样测试后,证明具有如下特点:

① 单壁式钻具的结构简单，拆装方便；

② 取样及卸样方便，土样保真度高。

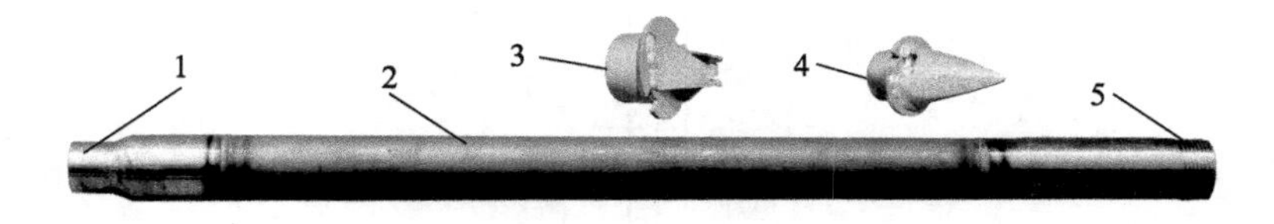

1—螺纹连接口；2—钻杆；3—丢弃锥 1；4—丢弃锥 2；5—钻头连接口。

图 4-41　单壁式钻具实物

4.1.4.5　坚硬地层配套双壁式钻具

(1) 双壁式钻具的工作原理与结构设计

双壁式钻具总体结构如图 4-42 所示，双壁式钻具中取样衬管、连接头、内衬管及活动头吊具的拆分如图 4-43 所示，双壁式钻具中 PVC 取样管、多孔钢堵头及通孔钢堵头的拆分如图 4-44 所示。

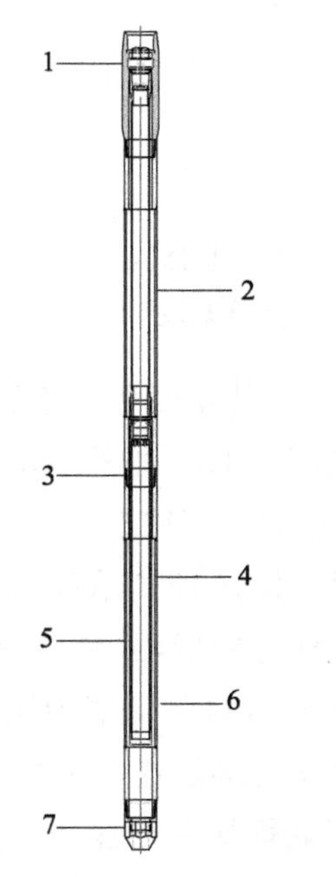

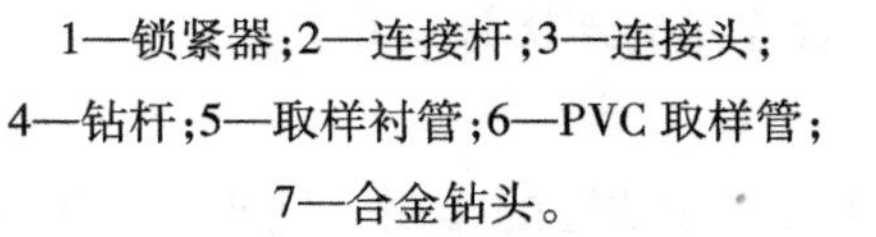

1—锁紧器；2—连接杆；3—连接头；4—钻杆；5—取样衬管；6—PVC 取样管；7—合金钻头。

图 4-42　双壁式钻具结构

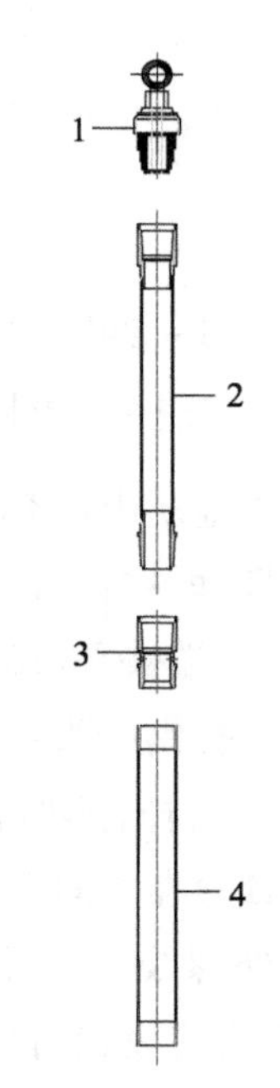

1—活动头吊具；2—连接杆；3—连接头；4—取样衬管。

图 4-43　取样衬管、连接头、内衬管及活动头吊具的拆分

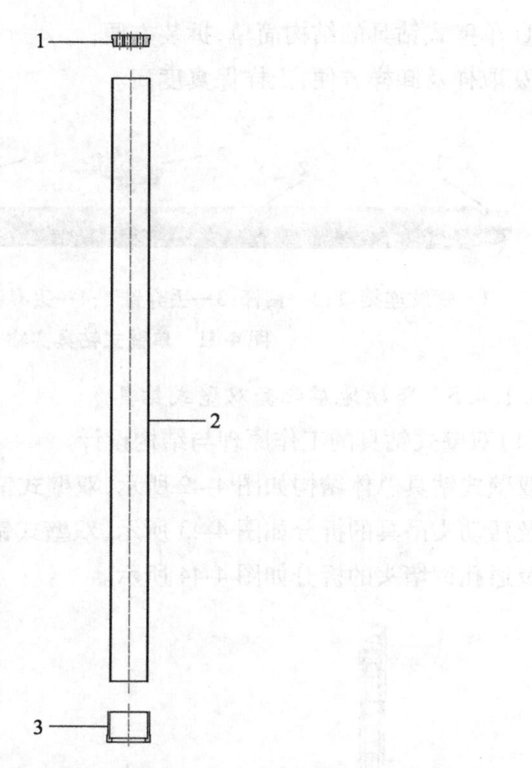

1—多孔钢堵头;2—PVC 取样管;3—通孔钢堵头。

图 4-44　取样管、多孔钢堵头及通孔钢堵头的拆分

钻机在坚硬地层中配套使用的为双壁式钻具,其主要包括锁紧器、连接杆、连接头、钻杆、取样衬管、PVC 取样管、合金钻头。PVC 取样管的上端连接有多孔钢堵头,下端被平口的通孔钢堵头套紧,然后自下往上装入取样衬管,再用含螺纹的通孔钢堵头将取样衬管下端拧紧。装有 PVC 取样管的取样衬管自下往上装入钻杆,然后钻杆的上下两端分别与锁紧器、钻头螺纹连接。钻杆的上端与锁紧器之间设有至少一根连接杆,连接杆的下端为能与钻杆上端螺纹连接的外螺纹连接段,上端为能与外螺纹连接段连接的内螺纹连接段;每根连接杆内均设置有内衬管,内衬管的下端焊接有与连接头连接的连接管头Ⅰ,上端焊接有能与连接管头Ⅰ配合连接的连接管头Ⅱ。

(2)双壁式钻具的研制及其参数

在钻机工作过程中,钻头主要起切割土壤和钻进的作用。钻头材料选择高强度的合金钢,该材料经过调质处理后其强度和硬度得到保证,可用于制造承受冲击、弯扭以及高载荷的重要零件。钻杆外壁主要承受周期性高频振动的激振力，设计时要保证钻杆的抗疲劳强度和稳定性。钻具外壁采用 Y40Mn 钢材，许用应力强度达到 730 MPa，可保证外管有足够的硬度。双壁式钻具主要参数为钻头外径 107 mm、钻头内径 75 mm、外管直径 105 mm、取样管直径 55 mm、钻杆长度 1500 mm、刃口角度 15°。双壁式钻具设计完成后进行制造，实物及其配套器件如图 4-45、图 4-46 所示。

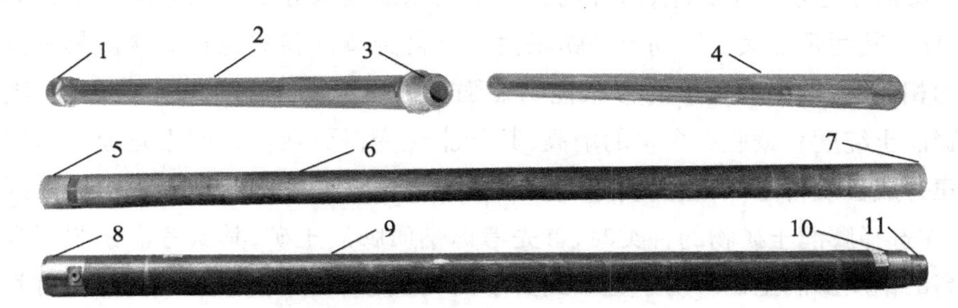

1—连接头(母)；2—连接杆；3—连接头(公)；4—PVC 取样管；5—封头(上)；
6—取样衬管；7—封头(下)；8—钻杆连接头；9—钻杆；10—钻头连接头；11—衬管。

图 4-45　双壁式钻具实物

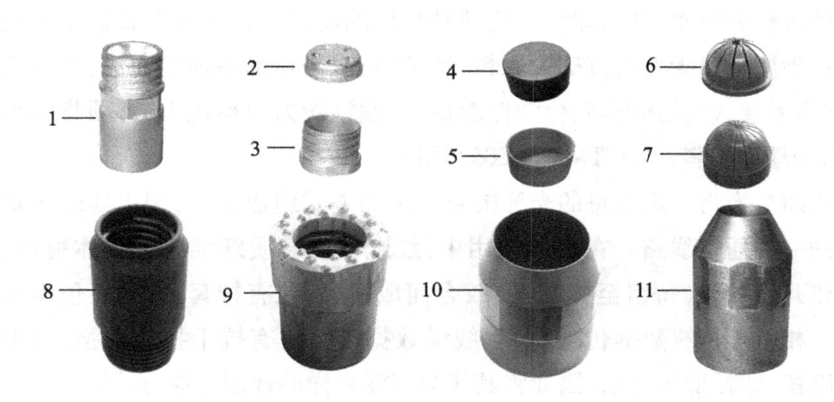

1—取样衬管封头(上)；2—取样管多孔钢堵头；3—取样衬管封头(下)；
4—PVC 取样管帽(上)；5—PVC 取样管帽(下)；6—岩芯捕集器 1；7—岩芯捕集器 2；
8—钻杆连接头；9—切割式钻头；10—钻头 1；11—钻头 2。

图 4-46　双壁式钻具配套器件

双壁式钻具经过实地钻探采样测试后，证明具有如下特点：

① 双壁式钻具对土壤样品扰动小，取土及卸土方便，土样保真性好；

② 采用 PVC 透明管作为取样管，土壤样品便于保存和观测；

③ 采用高强度的铝合金材料作为内钻杆的材料,减轻了钻具的重量;

④ 结构简单,拆装方便,能根据具体取样深度要求增加连接杆和内衬管,使用灵活。

4.1.5 地下水快速建井系统与声波水采样器的工作原理与结构特性

膨润土遇水发生膨胀,这种现象产生的原因是水分子进入膨润土矿物晶层,导致其间距加大。膨润土的膨胀性与其自身属性和蒙脱石的含量具有极大的相关性,钠质膨润土的膨胀性明显强于钙质膨润土。在一定范围内,随着膨润土纯度和蒙脱石含量的增高,其膨胀性变得更强。膨润土是地下水快速建井成套设备之一,主要利用其膨胀性对快速建井管进行固定和封堵。因此,在选择膨润土矿物的种类时,首先考虑钠质膨润土矿,其次考虑蒙脱石含量高的钠质膨润土矿。对于达不到要求的钙质膨润土矿,在使用前需要对其进行改性处理。

石英砂的内在分子链结构、晶体形状和晶格变化规律,使其具有耐高温、热膨胀系数小、高度绝缘、耐腐蚀等独特的物理、化学特性。基于这些特点,石英砂可作为净水材料,即快速建井管外设的滤料。快速建井管设备中选用的石英砂滤料以天然石英矿为原料,经破碎、水洗精筛等加工而成,具有无杂质、抗压耐磨、机械强度高、化学性能稳定、截污能力强等优点,各项指标均达到《水处理用滤料》(CJ/T 43—2005)标准。

线缆是指将一定数量的光纤按照一定的方式组成缆心,用以实现光信号传输的一种通信线路。在实际使用中,线缆以玻璃质纤维为传导体材料,将几根或几组线材(每组至少两根)绞合而成,其外包有护套,有些还包覆有外护层。相较于传统数据传输材料,线缆数据传输具有抗干扰能力强、数据传输速度快、能耗低等优点,因此将其作为定深采样的数据传输方式。

4.1.5.1 地下水快速建井成套设备

地下水快速建井成套设备包括一种新型快速建井管、与井管配套的膨润土止水塞、与井筛配套的石英砂过滤包以及配套一体化地埋/地表井盖,可满足快速、规范化建井的需求。

新型快速建井管主要包括管体和封头两部分,结构如图 4-47 所示。管体上设有若干渗水单元,渗水单元由若干渗水缝隙间隔排列而成;管体的其中一端为带有内螺纹的母头结构,另一端为带有外螺纹的公头结构,两者相互适配,便于在使用时将各管体进行快速连接和固定;封头上具有与公头结构相适配的螺纹槽或与母头结构相适配的螺纹塞柱,用于封堵管体的端部。

渗水单元为若干垂直于管体方向的条带状缝隙,每个渗水单元内相邻渗水缝隙间的间距范围为 5~10 mm,以一定的间隔平行设置于管体上,该设计一方面保证了管体的结构强度,另一方面保证了管体的渗水效率;管体的渗水缝隙宽度为 0. 3~0. 5 mm,可以有效防止管体外部土壤中的泥浆或泥沙颗粒进入管体内部或对渗水缝隙造成堵塞,从而使管体对外部土壤中的水体渗透过滤效果较好,保证了管体内部的水量供给和水质;渗水缝隙所对应的管体截面均与管体的轴向中心线呈一定的倾斜角度(45°~90°),一方面保证了管体的整体结构强度,另一方面保证了管体的渗水效率。

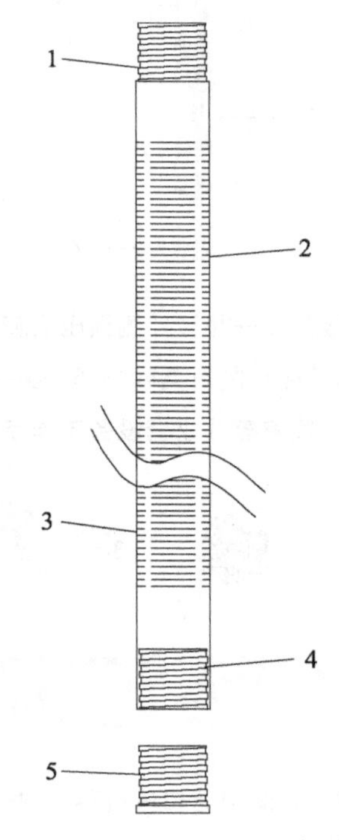

1—公头结构;2—管体;3—渗水单元;4—母头结构;5—封头。

图 4-47　新型快速建井管结构

快速建井管采用新型 PVC 材料制作而成,具有整体结构强度大、抗氧化能力强的特点,能够适应复杂的地下水环境。图 4-48 为地下水快速建井设备工作示意图,图 4-49 为地下水快速建井设备实物图。

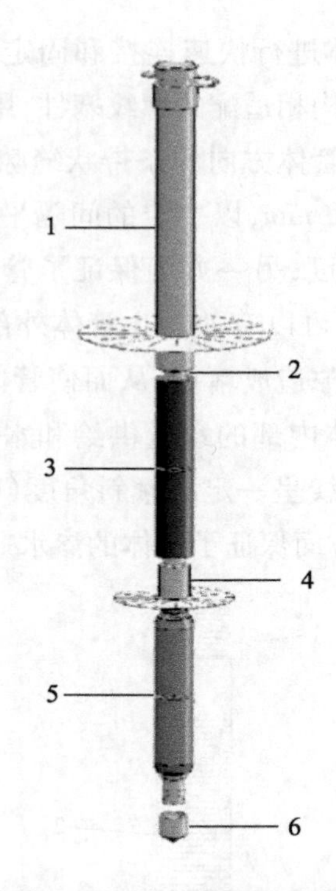

1—预制井管;2—连接头;3—井管外侧预压实膨润土;4—连接头;
5—井筛外侧预制石英砂袋;6—尖井头。

图 4-48　快速建井成套设备工作示意图

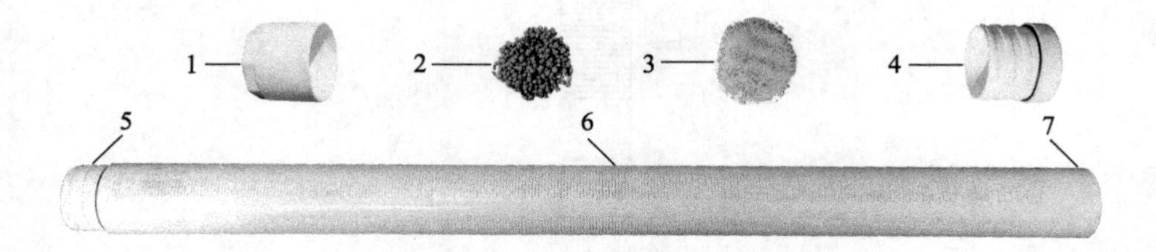

1—封头(上);2—膨润土球;3—石英砂;4—封头(下);
5—公头结构;6—渗水单元;7—母头结构。

图 4-49　快速建井成套设备实物

研发制造的新型建井管、与井管配套的膨润土止水塞、与井筛配套的石英砂过滤包以及配套一体化地埋/地表井盖,可满足快速和规范化建井的需求。经过实际使用,其具有如下特点:

① 管体的渗水单元结构设计合理,不仅保证了管体具有足够的结构强

度，同时也使取样井的水量供应满足需求，保证了水体取样检测的效率；

② 井管两端分别设为相互适配的螺纹公头结构和螺纹母头结构，方便井管快速连接和固定；

③ 井管整体结构简单，可以大量制造其标准结构件，使其具有极强的实用性。

4.1.5.2　声波水采样器

声波水采样器可用于声波钻井过程中收集可靠的、独立区域内低扰动的地下水样品，其结构如图 4-50 所示。

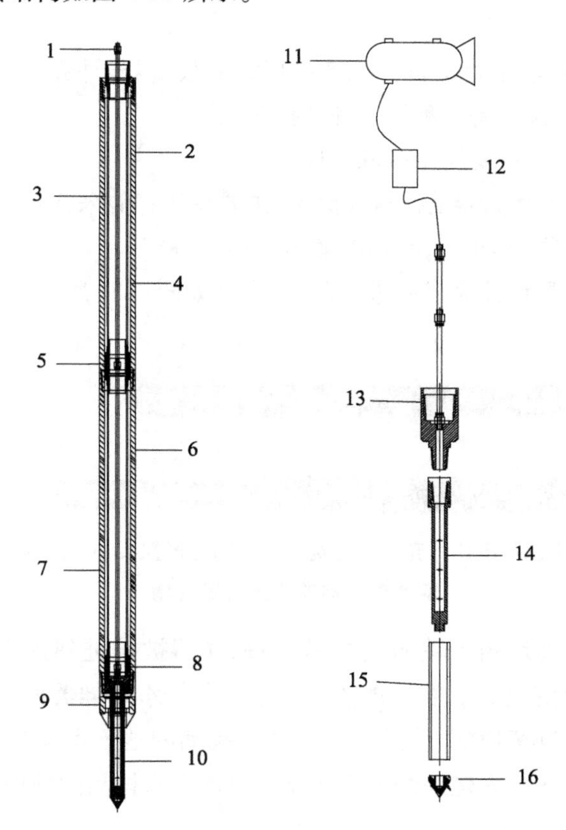

1—插拔式管接头；2—内衬管；3—PVC 软管；4—连接杆；5—插拔式管接头；6—内衬管；7—钻杆；8—插拔式管接头；9—合金钢钻头；10—地下水采样器；11—水/气分离存储器；12—微型抽排泵；13—连接器；14—网心杆；15—约翰逊网；16—圆锥形探头。

图 4-50　声波水采样器结构

声波水采样器由圆锥形探头、约翰逊网(挠丝网)、网心杆、连接器、PVC软管、插拔式管接头、微型抽排泵、水/气分离存储器等组成。

① 圆锥形探头(钢制),头部呈锥形,中心内螺纹孔,内螺纹与网心杆一端外螺纹连接,主要用于软土沙土层;

② 约翰逊网(挠丝网)是一种过滤器,其挠丝间隙为 0.1~0.2 mm;

③ 网心杆(钢制),其中心是盲孔,杆体上有一排孔与中心盲孔相通,一端与探头连接,另一端与连接器连接,把挠丝网夹中间固定;

④ 连接器(钢制),一端内壁与网心杆连接,另一端与双壁式钻杆钻进装置内衬管连接;

⑤ PVC 软管直径为 8 mm,长度为 1.6 m,数量若干根;

⑥ 插拔式管接头是一种快速安装接头;

⑦ 微型抽排泵主要用于抽取采样;

⑧ 水/气分离存储器是密封式储罐,主要用于存储采样水和气,对于存储挥发性有机化合物(VOCs),其功能尤为突出。

声波水采样器设计完成后进行制造,实物如图 4-51 所示。

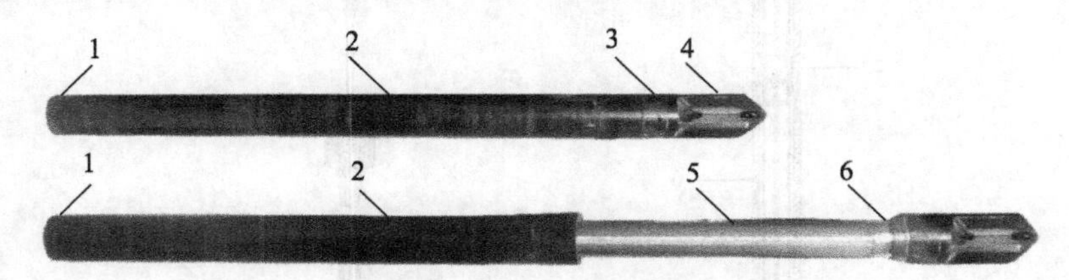

1—插拔式管接头;2—主体外壳;3—连接器;4—圆锥形探头;5—内衬管;6—连接器。

图 4-51 声波水采样器实物

声波水采样器运用了单向阀技术,当采样器被推进到指定地层内时,单向阀的逆止作用使地下水单向通过滤网进入主体水采样器而不能排出,直至采样器随钻杆提升至地面,从而获得原位低扰动的地下水样品。该采样器简化了目前主流方法需先建井洗井后才能采取地下水样品的烦琐工序。

4.2　高频声波钻机与配套系统操作规程

4.2.1　高频声波钻机操作规程

4.2.1.1　不同地质地层特性与污染特征地块的钻探采样及其钻具适配

（1）不同地质地层特性地块的钻探采样及其钻具适配

《污染地块勘探技术指南》（T/CAEPI 14—2018）对岩土分类作了详细的表述，依据标准选用。

高频声波钻机配套的活塞式钻具独有的稳定水压技术，可避免样品在松软地层被外力压缩，保证了样品的高取芯率，适用于素填土、粉质黏土、淤泥质粉质黏土、淤泥质粉质黏土夹粉砂、破碎砂岩为主的地层。配套的单/双壁式钻具采用切割式钻头可在半坚硬、坚硬地层进行有效钻进，适用于含致密黏土、砂石、粉砂岩、中风化灰岩及软岩等的半坚硬、坚硬地层。特别地，双壁式钻具采用双套管技术，取样系统的密封式结构可避免土壤样品在钻进过程中被污染，因此适用于大多数地层（除极度松散软弱地层外）。

（2）不同污染特征地块的钻探采样及其钻具适配

工业企业地块土壤污染状况调查通常涉及有色金属矿采选、有色金属冶炼、化工、铅酸蓄电池制造、焦化、电镀、石油加工、制革、涂料、印染、医药制造、废旧电子拆解、危险废物处置和危险化学品生产、储存使用等各类用地，此类地块岩土特性及水文地质情况比较复杂，并且土壤污染物种类繁多。土壤污染检测项目除常规的重金属、挥发性有机物、半挥发性有机物、氰化物外，还可能有硫化物、挥发酚、氟化物、石油烃、多氯联苯等。

根据污染地块调查钻探采样相关技术导则与指南，土壤采样需尽量减少土壤扰动，保证土壤样品在采样过程中不被二次污染；挥发性有机物污染、易分解有机物污染、恶臭污染土壤的采样，应采用无扰动式的采样方法和工具。活塞式钻具与单壁式钻具分别具有松散软弱及半坚硬、坚硬地层的高度适用性，其取样系统也具有较好的密封性，因此可选择这两种钻具系统进行钻探采样。特别地，高频声波钻机配套的双壁式钻具采用双套管技术，取样系统的密封式结构可避免土壤样品在钻进过程中被污染，适用于大多数污染地块调查。

4.2.1.2　钻机操作规范与注意事项

（1）钻机系统的操作规范

① 钻机在正式作业前需发动预热 20 min，使钻机动力头系统达到正常工作状态；在钻探作业过程中应根据地层的地质特性（岩土层情况）合理调整高频声波系统的振动频率，通常松散软弱地层（含人工堆填土、粉土和黏性土、砂土）的振动频率需控制在 0～60 Hz，半坚硬、坚硬地层（含致密黏土、砂石、粉砂岩、中风化灰岩及软岩等）的振动频率需控制在 50～150 Hz。

② 对于地层状况良好的地块，钻机液压系统除提供整机的操控功能外也作为钻探采样的主要动力来源，其主轴转速应保持在 50～120 r/min，以提高钻探效率；对于地质状况复杂的地块，钻机液压系统应选择主轴输出扭矩≥400 N · m，推进力与起拔力≥30 kN，以提高钻进能力与速度。

（2）钻机操作注意事项

1）钻机钻进开孔前需要做好如下工作：

① 检查采样点地下管线沟槽等情况，确保无地下障碍物，正式开钻前需要用人工手钻方式进行探测，以排除风险。

② 钻机作业区域 5 m 范围内用警戒带进行围挡，禁止与钻机作业无关的人员进入该区域，以免发生意外事件。

③ 对现场安全防护设施和个人防护用具进行查验，确保设施完好、用具完备。

④ 钻具放置在距离钻机的合理范围内，既不阻碍钻机正常工作，又便于操作人员及时进行样品采集和钻杆更换；凡涉及采样取芯的操作均应佩戴一次性丁腈手套，以免土壤样品被污染。

⑤ 检查钻机主要部件及配套钻具是否损坏或出现故障，如有问题应及时修理或更换。

2）钻机在钻进作业时，需要遵循以下原则：

① 所有人员不得接近动力头系统及钻杆，严禁对机器部件进行擦洗、拆卸和维修等。

② 钻具处于悬吊或倾斜状态时，严禁用手探摸悬吊钻具内的岩心或探视管内岩心。

③ 钻机因扩孔、扫脱落岩心、扫孔、在溶洞或松散地层钻进而卡钻等暂停作业时，需要将操控系统手柄置于空挡位置，并由机（班）长或熟练技工操作，

同时禁止无关人员靠近钻机。

④ 发生跑钻时,应立即停止钻进作业,严禁强行抓抱钻杆。

3）钻探采样工作结束后,应做好如下工作:

① 拆卸、清点、清洗配套钻具。

② 检查钻机关键部件,如有问题应及时维修或更换。

③ 妥善处理施工过程中产生的废物。

4.2.2　钻具系统操作规程

4.2.2.1　活塞式钻具的操作步骤与注意事项

第一杆钻探采样流程:① 钻杆、钻头、压缩杆及平衡器装配完成后,钻机的动力头与平衡器连接,水自注水孔和进水通道进入钻杆,并推动橡胶活塞运行至钻杆内最下端;② 钻机开始工作时,钻杆下钻,在压力的作用下土壤全部进入钻杆腔内,钻杆腔内的水不断从注水口排出;③ 第一钻完成后上提钻杆,利用动力头系统使钻杆与地面成45°,然后卸下钻头把水注入平衡器,水压推动橡胶活塞至钻杆内最下端,高保真原样土壤从钻杆腔内排出,取芯半管托随土壤排出的速度运行,土壤进入取芯半管托。

第二杆钻探采样流程:① 完成第一钻后,先把橡胶活塞重新装入钻杆腔,推进至平衡器下端,再把钻头安装到钻杆上,然后将水注入平衡器,水压推动橡胶活塞运动至钻杆腔内最下端,钻杆腔内水注满,用活动螺栓拧紧从而堵住注水口;② 由于连接杆的下端为用以与上阀体螺纹连接的下螺纹连接段,连接杆的上端为用以与下螺纹连接段螺纹连接的上螺纹连接段,连接杆的下端与平衡器连接;压缩杆设于连接杆内,压缩杆包括钢杆和PVC管,PVC管的两端均固设有空心钢帽;钢杆的上端穿过空心钢帽、压缩弹簧Ⅱ、压块后与销轴相连;压缩杆插入连接杆,并抵在平衡器内螺杆门芯,连接杆的上端与钻机的动力头连接,并使得连接杆的上端与钻机的动力头之间存在压差;连接后连接杆腔内压缩杆在压缩弹簧Ⅱ作用下产生下压力,下压力被传递到压缩杆下端,因为压缩杆的弹簧力大于平衡器内的弹簧力,所以连接杆下端顶开平衡器的螺杆门芯;③ 启动钻机动力头,钻杆开始下钻,在压力的作用下土壤全部进入钻杆腔,因螺杆门芯处于打开状态,钻杆腔内的水不断从其门心口排入连接杆;④ 第二钻完成后,上提钻杆,先拆卸掉连接杆,提出压缩杆,再把钻杆接上钻机动力头,上提钻杆,利用钻机功能使钻杆与地面成45°;⑤ 拆卸掉活动螺塞,卸下钻头后开始把水注入平衡器,水压推动橡胶活塞至最下端,高保真原样土壤从钻杆腔内排出,取芯半管托随土壤排出的速度运行,土壤进入取芯半管托。

第三杆钻探采样流程:① 完成第二钻后,先把橡胶活塞装入钻杆腔,推进至平衡器下端,再把钻头安装到钻杆上,然后开始将水注入平衡器,水压推动橡胶活塞运动至钻杆腔内最下端,钻杆腔内水注满,用活动螺塞拧紧堵住注水口;根据需要在钻杆上端连接两根连接杆,将压缩杆插入连接杆;压缩杆与平衡器之间设置有一根支撑内杆,支撑内杆由 PVC 管以及固设于 PVC 管两端的空心钢帽构成,连接杆的上端与钻机的动力头连接,并使得连接杆的上端与钻机的动力头之间存在压差;连接后连接杆腔内压缩杆在压缩弹簧Ⅱ作用下产生下压力,下压力被传递到压缩杆下端,因为压缩杆的弹簧力大于平衡器内的弹簧力,所以连接杆下端顶开平衡器的螺杆门芯;② 启动钻机动力头,钻杆开始下钻,在压力的作用下土壤全部进入钻杆腔,因螺杆门芯处于打开状态,钻杆腔内的水不断从其门心口排入连接杆;③ 第三钻完成后,上提钻杆,先拆卸掉连接杆,提出压缩杆和支撑内杆,再把钻杆接上钻机动力头,上提钻杆,利用钻机功能使钻杆与地面成 45°;④ 拆卸掉活动螺塞,卸下钻头后开始把水注入平衡器,水压推动橡胶活塞至最下端,高保真原样土壤从钻杆腔内排出,取芯半管托随土壤排出的速度运行,土壤进入取芯半管托。

第四杆、第五杆等钻探采样流程根据钻进深度增加连接杆及支撑内杆的数量,并重复上述步骤即可。

活塞式钻具在使用前应仔细检查其零部件的组装是否正确,尤其是推动杆和连接杆与活塞的组装;在钻探过程中应避免盲目增大钻机输出功率,防止对钻具造成损坏;土壤取样工作完成后,需对钻具各部分结构进行清洗和干燥处理,防止其因土壤污染造成锈蚀和损坏。

活塞式钻具工作原理如图 4-52 所示。

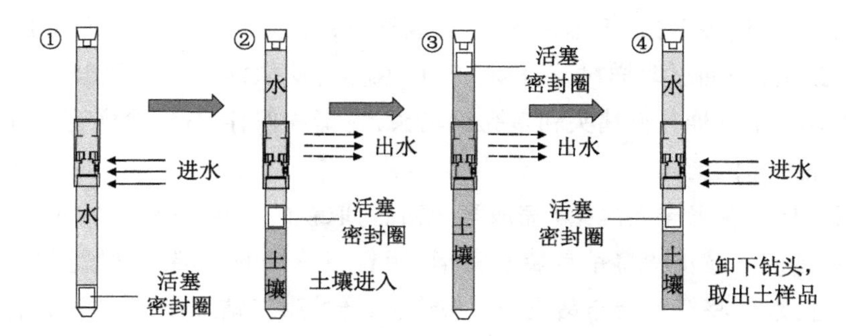

图 4-52　活塞式钻具工作示意图

4.2.2.2　单壁式钻具的操作步骤与注意事项

单壁式钻具的具体操作步骤：① 根据土壤情况选择合适的锥头（采用铸钢制成或由钢板加工成型），选择完毕后将丢弃锥插入丢弃器，将钢管插入筒体后用密封圈涨紧固定，然后把丢弃器螺纹连接在钻杆的下端，钻杆的上端与钻机动力头连接；② 钻机开始工作时，钻头下钻，当第一杆钻完后，钻杆连接若干根钻杆再次下钻，直至所需要的深度；③ 将丢弃锥脱离，然后上提钻杆，依靠高频声波振动将储存管内土壤样品取出。

单壁式钻具在使用前应根据地层情况选择合适的钻头，以免对钻具造成损坏；在钻探过程中应避免盲目增大钻机输出功率，防止对钻具造成损坏；土壤取样工作完成后，需对钻具各部分结构进行清洗和干燥处理，防止其因土壤污染造成锈蚀和损坏。

单壁式钻具工作原理如图 4-53 所示。

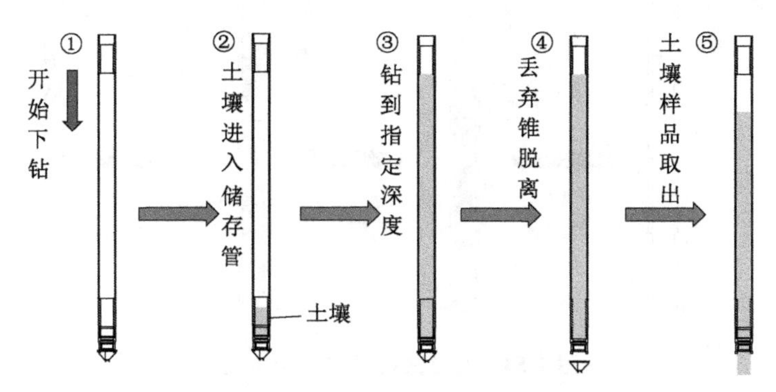

图 4-53　单壁式钻具工作示意图

4.2.2.3　双壁式钻具的操作步骤与注意事项

第一杆钻探采样流程：① 钻杆组装完毕后与钻机动力头系统连接，钻机开始工作时,钻头下钻,土壤进入 PVC 取样管;② 完成取样工作后提出钻杆并卸下钻头,先抽出取样衬管,再将 PVC 取样管从取样衬管中取出;③ 卸下 PVC 取样管上的通孔钢堵头和多孔钢堵头,封堵并保存 PVC 取样管,此时的土壤样品为原位土样。

第二杆钻探采样流程:① 完成第一钻后,取新的 PVC 取样管装入取样衬管,然后依照上述步骤将钻具装配完毕,接着在钻杆的上端与锁紧器之间安装一根连接杆,将锁紧器与钻机动力头连接,开始第二钻工作;② 第二钻完成后,上提钻杆,卸下锁紧器,把活动头吊具与内衬管连接,利用钻机的卷扬功能将活动头吊具连接的内衬管、取样衬管提出;③ 卸下连接的内衬管、取样衬管,并把 PVC 取样管从取样衬管中抽出,卸下 PVC 取样管上的通孔钢堵头和多孔钢堵头,封堵并保存 PVC 取样管。

第三杆、第四杆等钻探采样流程根据钻进计划增加连接杆和内衬管的数量,并重复上述操作即可。

双壁式钻具在使用前应仔细检查其零部件的组装是否正确,尤其是取样管与取样衬管的组装,以免取样管首尾倒置无法正常取样;在钻探过程中应避免盲目增大钻机输出功率,防止对钻具造成损坏;土壤取样工作完成后,需对钻具各部分结构进行清洗和干燥处理,防止其因土壤污染造成锈蚀和损坏。

双壁式钻具工作原理如图 4-54 所示。

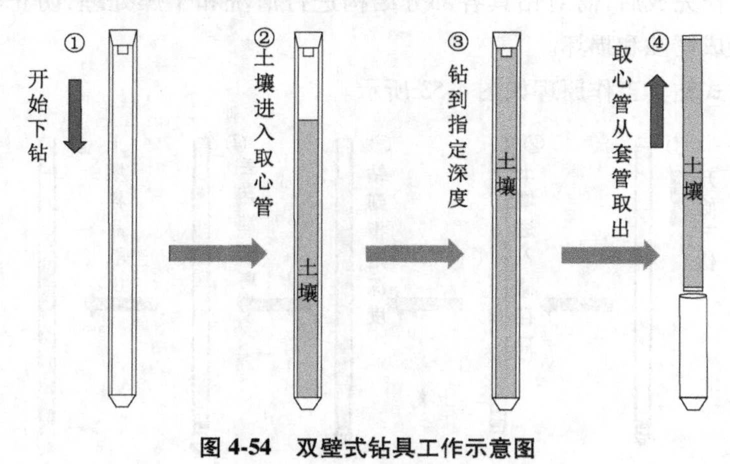

图 4-54 双壁式钻具工作示意图

4.2.3 地下水快速建井系统与声波水采样器操作规程

4.2.3.1 地下水快速建井系统的操作步骤与注意事项

地下水快速建井系统的步骤如下：① 钻探建井时，使用钻机将若干钻杆连续钻入既定深度的地下水源内，以此作为地下水水井的基础井眼；② 取一根未使用的井管，将封头（下）固定于管体的端部，以此管作为第一根井管；③ 将一根未使用的管的母头结构端部与此管的公头结构连接，然后将连接好的井管放入井眼；④ 根据实际深度依次自上而下连接新的井管，直至第一根井管的端部达到钻杆下端对应的水源内；⑤ 将钻杆从基础井眼内取出，然后向井管与基础井眼外壁的缝隙内不断填充过滤性基质（石英砂），直到其漫过渗水单元（高度约 0.3 m），边填充边摇动井管，以便石英砂均匀填充；⑥ 将膨润土不断填充进石英砂上部空隙内，直至指定高度，然后浇灌适量的纯净水使其膨胀，以达到稳定井管的目的。

快速建井管在置入钻孔前应确保钻孔内无坍塌的孔壁碎土等，防止地下水被污染；连接井管时需注意持稳，避免井管掉落；填充石英砂时需保证井管快速持续晃动，避免出现架桥。

地下水快速建井系统的操作流程如图 4-55 所示。

(a) 建井材料准备

(b) 井管置入基础井眼

(c) 井管连接

(d) 石英砂填充

(e) 膨润土球填充

(f) 井台构筑

图 4-55 地下水快速建井流程

4.2.3.2 声波水采样器的操作步骤与注意事项

声波水采样器需要与双壁式钻具配合使用,具体操作步骤如下:

① 先将多孔钢堵头装入取样管一端,再将取样管、多孔钢堵头一起装入取样衬管,然后把通孔钢堵头按丝口旋紧取样衬管一端,取样衬管另外一端按丝口旋紧连接头;

② 上述安装完毕后,将其整体装入钻杆腔,在钻杆一头旋紧合金钻头,另外一头旋紧锁紧器,调整旋转锁紧器内的特制铜螺栓,让特制铜螺栓顶住取样衬管一端的连接头;

③ 连接完毕后,把锁紧器一端连接在钻机动力头上,然后第一钻开始工作,随着钻头下钻,土壤进入取样管;

④ 第一钻结束后,上提钻杆,利用钻机动力头系统功能使钻杆与地面成45°,然后卸下合金钢钻头,把取样管从取样衬管中抽出,卸下取样管上的通孔钢堵头和多孔钢堵头,封堵保存取样管(样品);

⑤ 重复步骤①、②,待连接完毕后把锁紧器端接在钻机动力头上,然后第二钻开始工作,待第二钻结束后,上提钻杆,卸下锁紧器,把活动头吊具与内衬杆连接,利用钻机的卷扬功能上提活动头吊具连接的内衬管、取样衬管,卸下连接的内衬管、取样衬管,把取样管从取样衬管中抽出,卸下取样管上的通孔钢堵头和多孔钢堵头,封堵保存取样管(样品);

⑥ 余下的操作方法同第二钻,根据实际需要增加或减少连接杆和内衬杆数量,从而达到想要的钻进深度;

⑦ 钻杆钻进采样完成后,保留部分钻进深度的钻杆(所有空腔钻杆)在钻进深度处,防止钻孔坍塌,然后连接声波水采样器及若干根内衬管,水气塑料软管用插拔式管接头逐个连接,下放进空腔钻杆内,直至钻进的深部,声波水

采样器的圆锥头及约翰逊网穿越合金钢钻头进入采样区；

⑧ 地下、地上的水气塑料软管连接微型抽排泵和水气分离存储器，启动微型抽排泵，快速抽取及存储采样物，采样完成后，使用钻机功能拔出并拆卸声波水采样器、内衬管、水气塑料软管；

⑨ 最后拔出并拆卸所有钻杆，施工工序完成。

声波水采样器在使用时需要注意各部件的连接顺序，以免错误连接导致无法正常取水；采水时应按照“快、准、稳”的原则，防止地下水被污染；声波水采样器取水完成后应及时进行清理、冲洗和干燥处理，以免被地下水污染造成损坏。

4.2.4　安全与防护

4.2.4.1　钻探过程安全

高频声波钻进成套装备的安装、使用与拆卸应遵守下列规定：

① 进入钻探现场应按规定穿好工作鞋服，佩戴安全帽，禁止未按规定穿戴工作装备的人员入场。

② 高频声波钻机与配套钻具系统的安装，应在专业安装人员的指挥下进行，不得违反规定私自安装。

③ 配套钻具系统在安装使用前，应核对各组成部件是否完好，确保无锈蚀、损坏等情况。

④ 高频声波钻机在使用前应对发动机动力系统、液压控制系统、立柱系统及夹持系统等进行严格检查，确保各零部件运行状态正常，无损坏、漏油等情况。

⑤ 钻机整体迁移时，应在平坦短距离地面上进行，并采取防倾斜措施；禁止在坡度超过 15°的坡上或凹凸不平和松软的地面上整体迁移钻机；使用起重机械起吊钻机设备时，应遵守《起重机械安全规程　第 1 部分：总则》(GB 6067.1—2010)。

⑥ 钻机作业结束后的拆卸工作应有专人指挥，配套钻具的拆卸与搬运需保证人员安全，涉及吊车或葫芦起吊时，钢丝绳、绳卡、挂钩及吊架腿应牢固。

钻机在钻进作业时，需要遵循以下原则：

① 检查采样点地下管线沟槽等情况，确保无地下障碍物，正式开钻前需要用人工手钻方式进行探测，以排除风险。

② 钻机作业区域 5 m 范围内用警戒带进行围挡,禁止与钻机作业无关人员进入该区域,防止发生意外事件。

③ 钻具放置在距离钻机的合理范围内,既不阻碍钻机正常工作,又便于操作人员及时进行样品采集和钻杆更换;凡涉及采样取芯的操作,相关人员均应佩戴一次性丁腈手套,防止土壤样品被污染。

4.2.4.2 应急预案与处置

(1)岩心堵塞

预防岩心堵塞的方法是“不取芯时不提钻,要取芯时先提钻”,一个钻进回次没有完成时不随意提动钻具,以防造成岩心堵塞;需要取芯时首先要提钻卡断岩心,防止残留岩心在下一个钻进回次堵塞钻具。地层发生岩心堵塞事故后需要提钻清理钻具和孔底的残余岩心,避免下个回次发生岩心堵塞事故。

(2)卡钻

为防止发生卡钻事故,应做到:升降钻具要平稳、适当加大扩孔器的外径,以及根据地层情况实时调整转速、钻压,减少钻杆对孔壁的破坏。钻进过程中如发现钻具突然剧烈跳动,证明钻孔内掉入了碎石,此时极易发生卡钻事故,需要进行试探性钻进,一旦发现主轴转速降低,需要立刻向上提动钻具,避免卡钻。钻孔发生卡钻或埋钻事故后,可紧贴被卡或被埋的钻杆重新开孔,将被卡或被埋钻杆解卡。钻进中发生钻具折断或脱落事故,用丝锥对好后,应立即提钻,不允许继续钻进和卡取岩心。

(3)再开孔钻探采样

如因各种事故导致当前土孔无法继续钻进或采样,应以当前土孔为圆心,从半径 0.5~1 m 处周边区域重新进行开孔钻探,并按方案设计深度进行采样。

第5章 <<<

高频声波钻机土壤污染应用案例示范

5.1 钻探采样方案编制及采样要求

高频声波钻进技术与设备作为一种新型的钻探采样方法，已经在土壤污染地块调查中得到了较好的应用，但是尚无针对各种不同地质和水文地质类型、污染特征的案例示范研究。鉴于此，本书归类总结了较为典型的部分案例，涉及松软、中等坚硬、坚硬地层的不同地块，同时还选取了化工、焦化、大型焦化钢铁联合、电镀、垃圾填埋、大型园区地下水、区域地下水监测等地块作为典型案例。通过考察高频声波钻机及配套设备的采样扰动性、样品取芯率与采样深度等采样性能指标，为高频声波钻机在不同区域、不同地质和水文地质类型以及污染特征地块调查原位弱扰动采样的适用性提供理论依据，可供此类高频声波钻机钻探采样参考。

本书中的钻探设备为 ZHDN-SDR 150A 型高频声波钻机，配套钻具包括活塞式钻具、单壁式钻具、双壁式钻具，同时根据地下水采样需求配备了快速建井成套设备。该钻探设备的主要理论指标参数：声波频率范围 0~150 Hz；最大推进力 50 kN，最大起拔力 50 kN；最大输出扭矩 1200 N · m；转速范围 0~120 r/min；松软（散）地层、中等硬度地层、坚硬地层取芯率达到 95%以上，最大采样深度 35 m；能耗（燃油）≤10 L/h；平均无故障运行时间 100 h 以上。

5.1.1 钻探采样方案编制依据

本设备的钻探采样方案依据以下法律、标准、技术导则编写，并参考了相关环境质量标准。

（1）相关法律、法规、政策

①《中华人民共和国环境保护法》（2014 年 4 月 24 日修订通过，2015 年 1 月 1 日起施行）；

②《中华人民共和国环境影响评价法》(2018 年 12 月 29 日第二次修正);

③《中华人民共和国大气污染防治法》(2018 年 10 月 26 日修正后实施);

④《中华人民共和国水污染防治法》(2017 年 6 月 27 日修订通过,2018 年 1 月 1 日起实施);

⑤《中华人民共和国固体废弃物污染环境防治法》(2020 年 4 月 29 日修订通过,2020 年 9 月 1 日起施行);

⑥《中华人民共和国土壤污染防治法》(2019 年 1 月 1 日起实施);

⑦《关于加强工业企业关停、搬迁及原址场地再开发利用过程中污染防治工作的通知》(环发〔2014〕66 号);

⑧《污染地块土壤环境管理办法(试行)》(环境保护部令第 42 号,2017 年 7 月 1 日起施行);

⑨《国家环境保护标准“十三五”发展规划》(环科技〔2017〕49 号);

⑩《国务院关于印发土壤污染防治行动计划的通知》(国发〔2016〕31 号);

⑪《土壤污染防治行动计划》(2016 年 5 月 28 日起实施)。

(2)相关标准、技术导则及技术规范

①《建设用地土壤污染状况调查技术导则》(HJ 25.1—2019);

②《建设用地土壤污染风险管控和修复监测技术导则》(HJ 25.2—2019);

③《建设用地土壤污染风险评估技术导则》(HJ 25.3—2019);

④《土壤环境质量　建设用地土壤污染风险管控标准(试行)》(GB 36600—2018);

⑤《地下水质量标准》(GB/T 14848—2017);

⑥《土壤环境监测技术规范》(HJ/T 166—2004);

⑦《地下水环境监测技术规范》(HJ/T 164—2020);

⑧《地表水和污水监测技术规范》(HJ/T 91—2002);

⑨《大气污染物综合排放标准》(GB 16297—1996);

⑩《水和废水监测分析方法》(第四版);

⑪《空气和废气监测分析方法》(第四版增补版)。

5.1.2　钻探采样要求与相关指标计算

根据《建设用地土壤环境调查评估技术指南》(公告 2017 年第 72 号)中

调查阶段的布点要求，初步调查阶段，地块面积≤5000 m^2，土壤采样点位数不少于 3 个；地块面积>5000 m^2，土壤采样点位数不少于 6 个，并可根据实际情况酌情增加。

（1）钻探采样前期准备

在现场调查采样前，依照采样点布设计划，采用 GPS 卫星定位仪在现场确定采样点的经纬度坐标，对每个采样点地下是否含电缆、管线等进行检查，确保每个采样位置避开地下电缆、管线、沟、槽等障碍物。同时对采样设备能否到达采样点进行确定，对无法采样的采样点进行适当调整。

由具有地块调查经验且掌握采样规范的专业技术人员组成采样小组，组织学习相关技术规范和导则，为钻机采集做好人员和技术准备。

采样工具和设备保持干燥、清洁，防止其在采样过程中和待采样品产生交叉污染。钻机采样过程中，对连续多次钻孔的钻探设备进行清洁，同一钻机不同深度采样时需对钻探设备、取样装置进行清洗，接触的其他采样工具重复利用时也要进行清洗。每次采样用清水清洗采样工具，防止样品受到污染或变质。

（2）钻探采样工作具体要求

① 钻机开孔前记录油箱中的油量，钻探采样完成后再次记录油箱中的油量并计算差值，同时记录钻探过程时长；

② 根据钻进时的情况记录钻机仪表盘中发动机的输出功率、动力头系统的声波频率变化情况；

③ 土壤样品按照钻探揭露顺序依次摆放，对土层变层位置进行标识记录；

④ 土壤样品采用红黑两色端盖封存，同时标注采样深度；

⑤ 对钻探采样流程关键步骤进行拍照记录，包括钻机工作、样品保存，用以说明作业全流程的有效性。

（3）钻探采样指标计算

钻探采样工作部分指标的计算公式如下：

① 采样量：

$$V=S\times L \tag{5-1}$$

式中：V 为土壤样品体积，m^3；S 为土壤样品横截面积，m^2；L 为土壤样品实际长度，m。

② 取芯率：

$$W=\frac{L}{L_0}\times 100\% \tag{5-2}$$

式中：W 为取芯率；L_0 为土壤样品理论长度，m。

③ 压缩比：

$$k=\frac{L_0-L}{L_0}\times 100\% \tag{5-3}$$

式中：k 为压缩比。

5.2 特殊地层钻探采样案例示范

5.2.1 松软地层案例示范

常规钻机在松散软弱地层的污染场地进行勘探采样时，存在松散及破碎地层无法连续采样、软覆地层样品压缩严重、取样量不能满足检测需求、取芯率低等技术难题。针对素填土、粉质黏土、淤泥质粉质黏土、淤泥质粉质黏土夹粉砂、破碎砂岩为主的地层，高频声波钻机利用声波振动使钻头迅速切入地层，减少了钻柱直接推进对土层的压缩，可以在松散破碎地层连续采样。同时，钻机配套的活塞式钻具进水通道与下阀体侧壁上的注水孔连通，利用水压推动橡胶活塞进行往返运动，将样品排出管外，可避免样品在松软地层被外力压缩，从而提高样品取芯率。

针对上述存在的松软（中等坚硬、坚硬）地层钻探采样问题，采用高频声波钻机及其配套的活塞式钻具进行钻探采样试验，对钻探可靠性（钻进速度、能耗及钻探深度）、采样有效性（采样量和样品取芯率）、采样扰动性（样品的密闭性和保真度）、采样稳定性（采样过程连续稳定运行效果）等性能指标进行记录和分析，以充分验证其实际作业的钻探采样性能；同时，这些试验也可为高频声波钻机用于此类地层条件的污染地块调查提供技术参考。

5.2.1.1 地层岩性与水文地质特征

地块位于江苏省南京市浦口区某地，根据《浦口××区 1 号地块保障房项目岩土工程勘查报告》（2019 年 9 月）内容显示，地块地层自上而下分为 3 个工程地质大层，其中①层以近 1~3 年内的人工堆填物为主；②层为全新世沉积土，以软塑状粉质黏土为主；⑤层为泥质粉砂岩，岩石强度较低。各地质大层根据不同岩性、不同强度以及物理力学指标的差异，再进一步细分为 13 个工程地质亚层，具体特征描述如表 5-1 所示。

表 5-1　地块土层详细信息

层号	土质	特征描述	层厚/m
①	素填土	褐色～灰褐色，松散～软塑，主要成分为粉质黏土混少量碎石、植物根系等，部分为场地平整时人工回填的黏性土，硬杂质主要为碎石子、碎砖等	0.30～2.90
②-1	粉质黏土	灰黄色，可塑～软塑，切面稍有光泽，干强度中等，韧性中等，无摇振反应，局部夹粉土薄层，一般厚度小于 0.5 cm	0.40～3.70
②-2	淤泥质粉质黏土	灰色，流塑，具水平层理，局部夹薄层粉土；切面稍有光泽，干强度中等，韧性中等	0.40～19.90
②-21	淤泥质粉质黏土夹粉砂	粉砂，青灰色～灰色，饱和，松散，颗粒级配不良；夹粉质黏土，局部互层状；粉质黏土，流塑；淤泥质粉质黏土与粉砂层厚壁 1/3～2/3，夹较多薄层粉土	1.00～5.20
②-22	含砾石粉质黏土	粉质黏土为流塑状，灰褐色～灰黄色，稍有光泽，干强度中等，韧性中等偏低；砾石，棱角状～次棱角状	0.30～5.70
②-3	粉质黏土	灰色，流塑，局部软塑，具水平层理，夹薄层粉土、粉砂；切面稍有光泽，干强度中等，韧性中等，无摇振反应	1.80～20.00
②-4		灰色，可塑～软塑，土质较均匀，切面稍有光泽，干强度中等，韧性中等，无摇振反应，该层局部分布	2.60～15.90
②-5	粉砂	青灰色，饱和，中密～密实，颗粒级配良，磨圆度一般，主要矿物成分为石英、长石、云母；局部夹薄层粉土、粉质黏土	1.00～15.90
④-1	含砾中粗砂	灰色，饱和，中密～密实，中粗砂颗粒级配较好，颗粒以圆形和亚圆形为主，其矿物成分以石英、长石为主，卵砾石分布不均	0.20～2.20
④-2	残积土	灰黄色，原岩结构完全破坏，风化成土状，以可塑状为主，局部夹少量风化硬块，强度低，浸水极易软化，手易捏碎	1.50～7.60
⑤-1	强风化泥质粉砂岩	棕红色，组织结构大部分破坏，风化裂隙很发育，风化成砂土状，浸水极易软化，岩体极破碎，属极软岩，岩体基本质量等级为 V 级	0.50～5.20
⑤-2	中等风化泥质粉砂岩	棕红色，粉砂质结构，泥质胶结，块状构造，裂隙不发育，岩芯采取率为 80%～90%，岩芯多呈长柱、短柱状，岩体质量指标（RQD）为 60%～70%，岩体较完整，属于极软岩，岩体基本质量等级为 V 级，浸水易软化	3.90～25.80

地下水类型为孔隙潜水、弱承压水和基岩裂隙水。

(1) 孔隙潜水

孔隙潜水赋存于场地内①层素填土及②-1~②-3 层黏性土体中。素填土层渗透性较强,黏性土渗透性较弱、富水性较差。潜水主要接受大气降水入渗补给,以蒸发排泄及侧向径流为主,水位动态受季节性变化影响明显,变化幅度在 1 m 以上。勘探期间测得孔隙潜水初见水位为 2.00~5.00 m,稳定水位为 1.90~5.00 m,稳定水位标高为 2.56~5.04 m。另外,场地北侧为××河,场地地下水与××河河水存在水力联系。

(2) 弱承压水

弱承压水赋存于场地内②-5 层粉砂和④-1 层含砾中粗砂土体中,上部②-4 层黏性土为隔水顶板,基岩为隔水底板,砂土层渗透性强,富水性好。勘探期间利用套管隔绝上部地层,测得部分钻孔(D67 号钻孔埋深 3.0 m,J78 号钻孔埋深 3.4 m)水位标高约为 2.3 m,承压水主要接受场地外与其相通含水层的侧向补给,同样以侧向径流排泄为主,水位动态受季节性变化影响不明显,变化幅度一般小于 1 m。

(3) 基岩裂隙水

基岩裂隙水主要赋存于基岩强风化岩层的风化裂隙和中等风化岩层的构造裂隙中,场地基岩裂隙不发育,且裂隙一般呈闭合状或被充填,裂隙水水量较贫乏,渗透性呈各向异性。勘探期间未测到裂隙水水位。

勘探期间地下水最浅水位为 1.50 m,最深水位为 5.00 m,平均水位为 2.29 m。根据地勘报告勘探点位坐标信息及地下水稳定水位高程数据,利用 Surfer 11 软件绘制地块地下水流场图(图 5-1),地下水总体流向为东南向西北方向,各土层渗透试验指标见表 5-2。

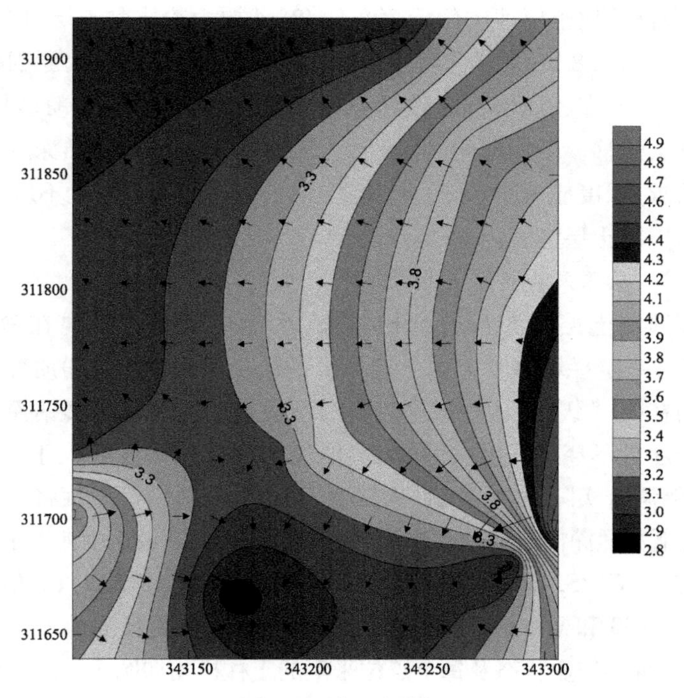

图 5-1　地下水流场

表 5-2　各土层渗透试验指标

层号	岩土名称	室内试验(最大值)		渗透性评价
		垂直渗透系数/（cm·s^{-1}）	水平渗透系数/（cm·s^{-1}）	
①	素填土	5.0×10^{-5}	2.8×10^{-5}	弱透水，各项异性
②-1	粉质黏土	3.9×10^{-5}	1.9×10^{-5}	弱透水
②-2	淤泥质粉质黏土	6.6×10^{-6}	5.1×10^{-6}	弱透水
②-21	淤泥质粉质黏土夹粉砂	5.1×10^{-4}	3.0×10^{-4}	弱透水
②-22	含砾石粉质黏土	—	—	弱透水
②-3	粉质黏土	1.6×10^{-5}	9.9×10^{-6}	弱透水
②-4	粉质黏土	1.0×10^{-6}	9.0×10^{-7}	微透水
②-5	粉砂	—	—	中等透水
④-1	含砾中粗砂	—	—	透水

综上，根据地块土层性质分析，②-1～②-4层为粉质黏土层，估算粉质黏土层最浅深度为6.8 m；采样深度建议不穿透②层粉质黏土层，原因在于若地块土壤存在污染，穿透此层会导致污染物向透水性好的②-5粉砂层和④-1含砾中粗砂层迁移。勘探期间，地下水埋深最深约为4 m，采样深度需兼顾地下水采样需求，深度应大于4 m。因此，本地块合理的调查深度不应小于4 m，以不击穿粉质黏土层为宜。

5.2.1.2　钻探采样要求与结果

根据该地块土层分布情况分析可知，本地块调查范围内在深度0.2～6.9 m以下有一层平均厚度为0.4～7.6 m的粉质黏土层。该粉质黏土层垂直渗透系数均在10^{-6}级，可认为该层为相对不透水层。通常土壤钻探深度应达到粉质黏土层且不穿透下层次，即本次地块调查钻探深度应大于5.5 m。因此，本次案例调查实际钻井拟定钻探深度为6 m，同时钻探深度将根据地层分布情况和地下水埋深情况进行合理调整。本次调查共布设4个地下水及土壤点位，地下水点位W2/S2点位采样深度为7.0 m（实际钻到7.5 m），其他地下水点位W1/S1、W3/S3和W4/S4采样深度为6 m，每根采样管长度为1.5 m，直径为52 mm。钻机现场作业状态及每个点位采集的土柱样品如图5-2和图5-3所示。

(a) 钻机现场作业照（钻进）

(b) 钻机现场作业照（取样）

图5-2　钻机现场作业状态

(a) 土柱样品（点位W1/S1）

(b) 土柱样品（点位W2/S2）

(c) 土柱样品（点位W3/S3）

(d) 土柱样品（点位W4/S4）

图 5-3　土柱样品图

根据现场样品的土壤变层情况，4 个点位地层上部均为素填土，层厚 0.31~0.44 m，其下为 2.1~2.7 m 厚的粉质黏土地层，再下则均为淤泥质粉质黏土地层。由于 4 个点位的情况类似，因此将其合并为一个组合点位进行分析，相应数据取平均值，如表 5-3 所示。

表 5-3　松软地层验证测试记录

深度/m	时间/h	声波频率/Hz	能耗/($L \cdot h^{-1}$)
0~1.5	0.4	46	6.2
1.5~3.0	0.3	59	6.8
3.0~4.5	0.4	62	6.4
4.5~6.0	0.5	67	7.1
6.0~7.5	0.7	71	7.4

5.2.1.3　案例分析与总结

经过计算，上述指标结果如表 5-4 所示。

表 5-4　样品采样量、平均取芯率、压缩比

钻进深度/m	采样量/(10^{-3} m^3)	平均取芯率/%	压缩比/%
0~1.5	2.77	86.82	13.18
1.5~3.0	3.12	98.11	1.89
3.0~4.5	3.18	100	0
4.5~6.0	3.18	100	0
6.0~7.5	3.18	100	0

由于素填土层的不可塑性,本次验证的土壤样品第一管的取芯率有所波动且相对于下层较低,其取芯率为 78%~90%。第二管所在土层主要为粉质黏土层,并且现场样品显示其含水率较高,因此取芯率保持在 97%~100%。第三管至第五管所在土层主要为富水的淤泥质粉质黏土地层,取样时土样均充满取样管,因此取芯率为 100%。本次验证的 4 个点位中,除因土壤表层含有素填土导致取芯率较低外(最低 78%),其余均在 97%以上,超出钻机不同地层取芯率≥95%的设计要求,并且所有点位的采样量完全满足实际分析需求。

由于水比土壤更难压缩,因此含水率较高的松软土壤相对而言压缩比较小,结合地块土壤物理性质及本次试验结果印证了这一结论。同时,对本次试验全过程进行分析,还得到如下结论:

① 在一定范围内,采样量和取芯率与土壤含水率存在正相关关系。因此,在实际钻探作业中可以考虑尽量选择含水率适中的地点进行钻孔取样,以提高土样的保真度。

② 在相对松软地层,钻探动力主要以钻机输出扭矩(回转力)和液压系统的下压力为主,增大高频声波频率的作用相对较小。因此,在作业中需要针对这类地层合理调整动力头系统的声波频率,从而降低钻机功耗。

5.2.2 中等硬度地层案例示范

建设用地污染地块调查涉及的地块类型多且复杂,如在产企业的例行监测、工业企业退役地块调查、矿山尾矿库土壤调查、垃圾填埋场调查等,这些地块的地层状况也各有不同,一般含有致密黏土、砂石、粉砂岩等半坚硬、坚硬地层。现有的环境调查钻探设备在上述地块进行钻探作业时,存在钻进速度慢、能耗高、钻探深度不足、采样量少、样品取芯率低且保真度差、连续作业效果不理想等问题。高频声波钻机作为一种新型高端钻机,利用高频声波振动技术使这些地层产生共振破碎,以便于钻具切入土层,具有钻进速度快、能耗相对较低、钻探深度深、采样量大、样品取芯率高且保真度高、可连续无故障作业的特点。

5.2.2.1 地层岩性与水文地质特征

试验地块位于江苏省南京市溧水区某地,标高为 10.47~15.83 m,属阶地地貌。根据地勘资料显示,本地块土壤主要以填土、新近沉积及下蜀组粉质黏土为主,下伏基岩主要为白垩系浦口组凝灰岩。地块岩土层自上而下可分为①层素填土、②-1 层粉质黏土(次生土)、②-2 层粉质黏土(次生土)、③层粉质黏土、⑤-1 层强风化安山质凝灰岩、⑤-2A 层中等风化安山质凝灰岩(极破碎)、⑤-2 层中等风化安山质凝灰岩。地块各地层构成与特征见表5-5,土壤物理性质见表 5-6。

表 5-5 各地层构成与特征描述

层号	土质	分层土样特征	层厚/m
①	素填土	黑灰杂色,主要由黏性土夹杂少量建筑垃圾、植物根茎组成;局部表现为淤泥质粉质黏土,总体成分杂乱,结构松散;土质极不均匀,地块普遍分布	0.30~7.50
②-1	粉质黏土(次生土)	灰黄色,可塑,夹少量铁质锈斑,中等压缩性;干强度中等,韧性中等;土质不甚均匀,地块均有分布	1.40~6.70
②-2	粉质黏土(次生土)	黑色~灰黑色,软塑,局部流塑,中等偏高压缩性;干强度中等,韧性中等;土质不甚均匀,地块局部分布	1.70~6.00
③	粉质黏土	黄褐色,硬塑,局部可塑,夹少量铁锰结核,中等偏低压缩性;干强度中等,韧性中等;土质不甚均匀,地块局部缺失	0.90~8.70
⑤-1	强风化安山质凝灰岩	紫灰色~灰色,岩体结构大部分破坏,矿物成分显著变化,风化裂隙发育,岩体破碎,用镐可挖,干钻不易钻进,岩芯局部呈碎块状,遇水(极)易软化,岩体基本质量等级为Ⅴ级,属极软岩	0.80~6.50
⑤-2A	中等风化安山质凝灰岩(极破碎)	紫灰色~灰色,岩体结构部分破坏,裂隙发育,岩芯呈碎块-短柱状,岩芯采取率仅为 10%~20%,岩体极破碎,碎块状构造,细粒结构;岩块饱和单轴抗压强度标准值 frk = 7.57 MPa,属软岩,岩体基本质量等级为Ⅳ级,强度较高;岩体基本质量等级为Ⅴ级,强度较高	1.20~5.50
⑤-2	中等风化安山质凝灰岩	紫灰色~灰色,岩体结构部分破坏,裂隙较发育,岩芯呈柱状-长柱状,岩芯采取率达 80%~90%,岩体较完整,块状构造,凝灰结构;岩块饱和单轴抗压强度标准值 frk = 10.41 MPa,主要属软岩,局部为较软岩,岩体基本质量等级为Ⅳ级,强度较高	该层未穿透

表 5-6　土壤物理性质

层号	土分类	含水率/%	土粒比重	孔隙比	液限/%	塑限/%	塑性指数	液性指数
①	素填土	31.7	2.72	0.89	33.3	19.7	13.4	0.88
②-1	粉质黏土(次生土)	25.4	2.72	0.73	31.8	18.8	12.8	0.50
②-2	粉质黏土(次生土)	29.2	2.72	0.82	31.6	18.8	12.9	0.81
③	粉质黏土	23.9	2.72	0.69	35.1	20.2	15.6	0.23

本地块地下水类型主要为上层滞水和基岩裂隙水，上层滞水主要赋存于①层素填土中，基岩裂隙水主要赋存于风化基岩中。地层透水性见表 5-7。

表 5-7　地层透水性

层号	土质	透水性
①	素填土	结构较松散，密实度差，连续性差，赋存上层滞水，无明显地下水位
②-1	粉质黏土(次生土)	相对含水层，属微透水
②-2	粉质黏土(次生土)	相对含水层，属微透水
③	粉质黏土	相对隔水层，属不透水
⑤-1	强风化安山质凝灰岩	富水性弱，连通性弱
⑤-2A	中等风化安山质凝灰岩(极破碎)	富水性弱，连通性弱
⑤-2	中等风化安山质凝灰岩	富水性弱，连通性弱

根据地块区域水文地质资料，地下水主要受大气降水补给，排泄以垂直蒸发和侧向径流为主，水位受季节性影响明显。根据地区经验，地下水年变化幅度为 1.0~1.50 m，稳定地下水位埋深为 0.30~5.20 m，稳定水位标高平均值为 10.08~12.08 m，初见水位一般比稳定水位高 0.20~0.30 m。地下水流场为东北向西南方向，具体流场如图 5-4 所示。

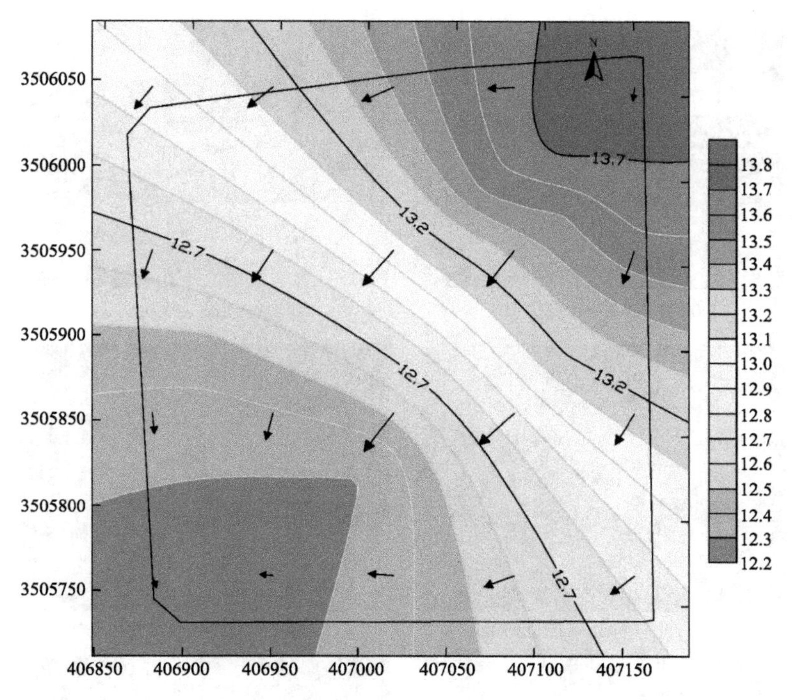

图 5-4　地下水流场

5.2.2.2　钻探采样要求与结果

根据该地块土层分布情况分析可知，本地块调查范围上层为素填土，其主要成分为黏性土，下层为厚 0.9~8.7 m 的粉质黏土层。考虑到这两种地层均为弱/不透水，因此实际钻井拟定钻探深度为 6 m，同时钻探深度将根据地层分布情况和地下水埋深情况进行合理调整。本次调查共布设 6 个土壤点位，每根采样管长度为 1.5 m，直径为 52 mm。钻机现场作业状态及每个点位采集的土柱样品如图 5-5、图 5-6 所示。

(a) 钻机现场作业照（钻进）

(b) 钻机现场作业照（取样）

图 5-5　钻机现场作业状态

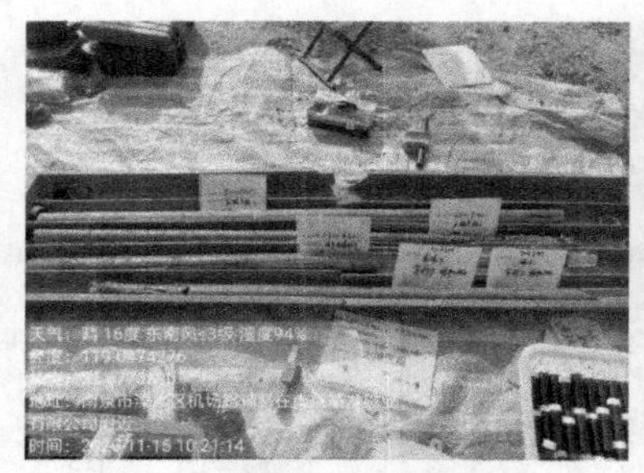

(a) 土柱样品（点位S1）

(b) 土柱样品（点位S2）

(c) 土柱样品（点位S3）

(d) 土柱样品（点位S4）

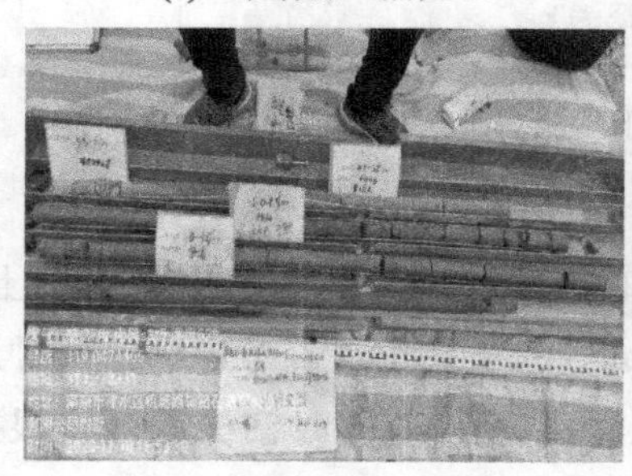

(e) 土柱样品（点位S5）

(f) 土柱样品（点位S6）

图 5-6　土柱样品图

现场测试数据，将 6 个点位的每一管验证指标均取平均值，得到相应取样深度的钻机性能参数值，如表 5-8 所示。

表 5-8　中等坚硬地层验证测试记录

深度/m	时间/h	声波频率/Hz	能耗/($L \cdot h^{-1}$)
0~1.5	0.5	76	8.4
1.5~3.0	0.4	79	10.4
3.0~4.5	0.6	95	11.6
4.5~6.0	0.7	114	13.1

5.2.2.3 案例分析与总结

经过计算,上述指标结果如表5-9所示。

表5-9 样品采样量、平均取芯率、压缩比

钻进深度/m	采样量/(10^{-3} m^3)	平均取芯率/%	压缩比/%
0~1.5	2.55	80.04	19.96
1.5~3.0	2.68	84.22	15.78
3.0~4.5	2.80	88.10	11.90
4.5~6.0	2.73	85.89	14.11

由于素填土层的不可塑性,本次验证的土壤样品第一管的取芯率有所波动且相对于下层较低,其取芯率为71%~83%。第二管至第四管所在土层为弱透水的粉质黏土层,并且其含水率较低,导致钻进速度慢且取芯率较低,平均取芯率约为86%。本次验证的6个点位中,除土壤表层含有素填土导致取芯率较低外(最低71%),其余均在80%以上,虽然未能达到钻机不同地层取芯率≥95%的设计要求,但是对于中等坚硬地层而言,其采样量与取芯率已基本满足实际分析需求。同时,对本次试验全过程进行分析,结合本地块的土壤物理性质,还得到如下结论:

① 含水率较低的黏性土、粉质黏土经过压缩变得致密,高频声波钻机对其钻探采样效果相较于松软地层变差,钻机的钻进速度、采样量、取芯率均有不同程度的降低。

② 在中等坚硬地层,适当提高声波振动频率可以增大钻机的钻进速度,这是由于致密的黏土层在高频共振作用下变得稍微松散,但是增大声波振动也可能使得土壤颗粒结构松散,降低采样量和取芯率。因此,在现场作业中需要针对这类地层合理调整动力头系统的声波频率,从而取得较好的采样效果。

5.2.3 坚硬地层案例示范

5.2.3.1 地层岩性与水文地质特征

本次验证测试地块位于南京市栖霞区某地,场地整体地势平坦,标高一般位于20.0 m左右,地貌类型属岗地与冲沟边缘。根据岩土工程勘查报告显示,区域场地地层自上而下为①层素填土、②-1~③-3层粉质黏土、④层含砂

砾粉质黏土和⑤层强风化泥质砂岩。场地揭露土层划分为 8 个工程地质层，各地质层的构成与特征如表 5-10 所示。

表 5-10　各地层构成与特征描述

层号	土质	分层土样特征描述	层厚/m
①	素填土	杂色，稍湿-饱和，稍密，以粉质黏土为主，局部夹含碎石、砖块及建筑垃圾等	1.0~6.3
②-1	粉质黏土	灰~灰黄色，饱和，软可塑，摇振反应无，稍有光泽，干强度中等	0.6~5.1
②-2	粉质黏土	灰色，饱和，软塑，稍有光泽，干强度中低，韧性中低	1.0~3.3
③-1	粉质黏土	黄~黄褐色，可硬塑，含较多铁锰质斑纹及灰白色高岭土团块；摇振反应无，稍有光泽，干强度高，韧性高	1.0~11.5
③-2	粉质黏土	黄~黄褐色，可塑，含少量灰白色高岭土团块；摇振反应无，稍有光泽，干强度中等，韧性中等	1.6~5.1
③-3	粉质黏土	黄~黄褐色，可硬塑，湿-饱和，含较多铁锰质斑纹及灰白色高岭土团块，夹少量黏土；摇振反应无，稍有光泽，干强度高，韧性高	6.5~1.1
④	含砂砾粉质黏土	残积土：棕红色，局部灰白色，可硬塑，湿-饱和，含较多铁锰质斑纹及风化砂砾，稍有光泽，干强度高，韧性高，局部含少量砾石	7.0~13.5
⑤	强风化泥质砂岩	棕红色，岩芯呈砂土混坚硬黏土状，局部含风化岩碎块，岩芯碎块手捏易碎，浸水易软化；岩石坚硬程度分类为极软岩，岩体完整程度分类为极破碎，岩体基本质量等级为Ⅴ级	该层未穿透

本地块地下水类型为孔隙潜水。潜水主要赋存于①层素填土中，大气降水补给，排泄于大气蒸发。勘察期间测得稳定水位埋深在 1.08~2.14 m 之间，初见水位埋深与稳定水位基本一致。根据相关地下水资料显示，该地块地下水流向大致为西北向东南。根据区域工程地质情况分析表明，该地块素填土以下粉质黏土层及强风化闪长岩为天然不透水层，周边地块与调查地块水力联系较差。

5.2.3.2　钻探采样要求与结果

根据该地块土层分布情况分析可知，本地块调查范围上层为素填土，其主要成分为粉质黏土，下层为厚 0.6~11.5 m 的复杂粉质黏土层。考虑到下层的复杂粉质黏土层为天然不透水层，因此实际钻井拟定钻探深度为 6 m，同时钻探深度将根据地层分布情况和地下水埋深情况进行合理调整。本次调查共布设 8 个土壤点位，每根采样管长度为 1.5 m，直径为 52 mm。钻机现场作业状态及每个点位采集的土柱样品如图 5-7、图 5-8 所示。

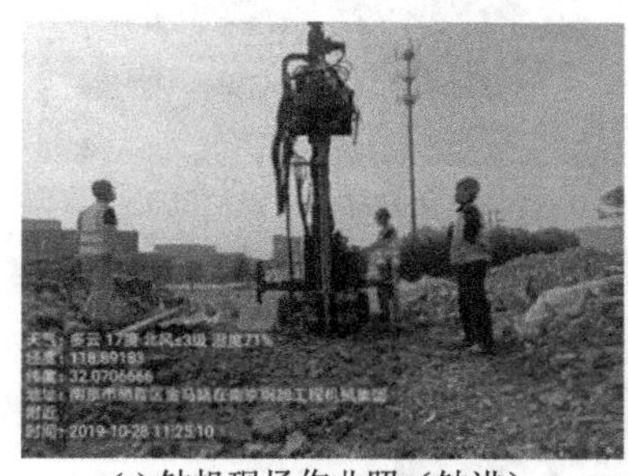

(a) 钻机现场作业照（钻进）

(b) 钻机现场作业照（取样）

图 5-7　钻机现场作业状态

(a) 土柱样品（点位S1）

(b) 土柱样品（点位S2）

(c) 土柱样品（点位S3）

(d) 土柱样品（点位S4）

(e) 土柱样品（点位S5）

(f) 土柱样品（点位S6）

(g) 土柱样品（点位S7）

(h) 土柱样品（点位S8）

图 5-8　钻机现场作业及样品图

现场测试数据，将 8 个点位的每一管验证指标均取平均值，得到相应取样深度的钻机性能参数值，如表 5-11 所示。

表 5-11　坚硬地层验证测试记录

深度/m	时间/h	声波频率/Hz	能耗/($L\cdot h^{-1}$)
0~1.5	0.6	116	7.9
1.5~3.0	0.5	129	9.5
3.0~4.5	0.6	139	11.9
4.5~6.0	0.8	150	13.4

5.2.3.3　案例分析与总结

经过计算，上述指标结果如表 5-12 所示。

表 5-12 样品采样量、平均取芯率、压缩比

钻进深度/m	采样量/(10^{-3} m^3)	平均取芯率/%	压缩比/%
0~1.5	2.39	75.18	24.82
1.5~3.0	2.58	81.00	19.00
3.0~4.5	2.70	84.91	15.09
4.5~6.0	2.52	79.33	20.67

根据场地的地质勘探资料，上层素填土主要以粉质黏土为主，结构密实，现场钻探也表明其夹含碎石、砖块及建筑垃圾等，导致本次验证的土壤样品第一管的取芯率有所波动且相对于下层较低，其取芯率为65%~81%。第二管至第四管所在土层为天然不透水层的复杂粉质黏土层，并且其含水率较低，导致钻进速度慢且取芯率较低，平均取芯率约为81.5%。本次验证的8个点位中，除土壤表层含有素填土导致取芯率较低外（最低65%），其余均在79%以上，虽然未能达到钻机不同地层取芯率≥95%的设计要求，但是对于坚硬地层而言，其采样量与取芯率已基本满足实际分析需求。

本次试验以坚硬地层为对象开展，实际钻探作业显示高频声波钻机对此种地层钻进效果相比于传统钻机较好，并且各项性能参数已基本达到设计要求。以上验证试验结果说明此高频声波钻机及其配套钻具针对坚硬地层的钻探采样具有良好的效果，基本可以解决目前钻探设备存在的钻探采样问题，具有极大的应用推广价值。同时，对本次试验全过程进行分析，结合本地块的土壤物理性质，还得到如下结论：

① 适当提高声波振动频率可以使结构致密的粉质黏土层变得松散，增大钻机的钻进速度，但是增大声波振动也可能使土壤颗粒结构松散，降低采样量和取芯率。因此，在现场作业中需要针对这类地层合理调整动力头系统的声波频率，从而取得较好的采样效果。

② 高频声波钻机主轴回转力的增大可以使钻头较快地切割土层，增大坚硬地层的钻进速度。因此，类似地层作业中可以考虑在提高声波振动频率的同时适当增加主轴的旋转。

5.3 典型污染地块钻探采样案例示范

工业企业地块土壤污染状况调查通常涉及有色金属矿采选、有色金属冶

炼、化工、铅酸蓄电池制造、焦化、电镀、石油加工、制革、涂料、印染、医药制造、废旧电子拆解、危险废物处置和危险化学品生产、储存使用等各类用地，此类地块岩土特性及水文地质情况比较复杂，并且土壤污染物种类繁多。现有的环境调查钻机在松散及破碎地层无法连续采集无干扰样品；软覆地层样品压缩严重；坚硬（包括基岩）地层采样取芯率低；由于钻杆直径过小，采集样品量已不满足最新45项指标检测需求；含乱石或建筑垃圾的复杂地层作业项目可靠性差；钻探容易造成孔壁扰动坍塌及孔内偏差大等问题。

针对上述存在的问题选取不同区域/地质条件的污染场地，着重对不同地质条件下钻进采样过程中钻机的性能指标与弱扰动原位采样技术进行验证和示范研究。本次验证和示范研究工作主要选取了化工、焦化、石油化工、化工园区、电镀、垃圾填埋等不同行业的污染场地，对高频声波钻机土壤与地下水调查的钻探采样效果进行研究，着重对复杂污染物类型的钻探有效性和采样有效性进行验证和示范研究。

5.3.1 某精细化工企业土壤污染状况调查

本次土壤污染地块调查选取扬州市某精细化工企业（以下简称“精细化工企业”）遗留地块作为对象。

5.3.1.1 地层岩性与水文地质特征

精细化工企业地块位于江苏省扬州市某地，地貌属长江下游冲积平原，区域被第四系覆盖，地表未见构造形迹。根据地块地勘报告分析可知，地块表层为人工填土，其下依次为淤泥质粉质黏土、粉土和粉砂；在上述报告勘察深度范围内，调查地块土层可分为4个工程地质层，自上而下依次为①层杂填土、②层淤泥质粉质黏土、③层粉土、④层粉砂。详细数据见表5-13。

表5-13 各地层构成与特征描述

层号	土质	分层土样特征描述	层厚/m
①	杂填土	灰黄色粉土杂粉质黏土及碎砖块等，软硬不均，为人工填土。地块普遍分布	0.5~1.4
②	淤泥质粉质黏土	灰色淤泥质粉质黏土，夹薄层粉土，流塑状态，高压缩性，微透水性。地块普遍分布	9.1~9.8
③	粉土	灰色粉土，夹薄层粉质黏土，稍密状态，摇振反应迅速，干强度、韧性低，中压缩性，弱透水性。地块普遍分布	8.9~9.8

续表

层号	土质	分层土样特征描述	层厚/m
④	粉砂	灰色粉砂，夹薄层粉质黏土，稍密状态，湿，颗粒形状呈圆形，矿物成分以石英、长石、云母为主，颗粒级配不良，中压缩性，弱透水性。本次勘察未揭穿该层，最大揭示层厚为 3. 8 m	0~3. 8

② 层淤泥质粉质黏土夹薄层粉土，室内垂直向渗透试验测得渗透系数平均值 $k=A\times10^{-6}$cm/s，具微透水性，为相对隔水层，土壤物理性质见表 5-14。

表 5-14　土壤物理性质

层号	土分类	含水率/%	土粒比重	孔隙比	液限/%	塑限/%	塑性指数	液性指数
①	杂填土	29. 5	2. 70	0. 840	29. 9	20. 2	9. 7	0. 96
②	淤泥质粉质黏土	37. 3	2. 72	1. 030	33. 7	21. 4	12. 3	1. 29
③	粉土	27. 1	2. 70	0. 816	28. 9	20. 5	8. 4	0. 79
④	粉砂	26. 0	2. 68	0. 777	—	—	—	—

扬州市地下水按含(储)水介质划分为松散岩类孔隙水和基岩地下水；按水力特征与埋藏条件主要分为潜水和承压水两种类型。松散岩类孔隙水(孔隙潜水、孔隙承压水)主要富集在江河谷漫滩、秦淮河河谷漫滩等地段，而岗地(波状平原)则以黏性土为主，富水性差，单井涌水量一般小于 100 m^3/d。松散岩类孔隙水是扬州各县市最主要的地下水类型，按照扬州市水文地质特征，自上而下将松散岩类孔隙水划分为潜水、第Ⅰ承压水、第Ⅱ承压水、第Ⅲ承压水、第Ⅳ承压水、第Ⅴ承压水等 6 个含水层。本地块地下水赋存于表层填土较厚部位，为孔隙潜水，富水性及透水性一般，水位变化主要受大气降水影响，雨季水量较丰富。孔隙潜水稳定水位埋深为 2. 45~2. 59 m，水位呈季节性变化，年水位升降变幅为 0. 5~1. 0 m。其下淤泥质粉质黏土含水微弱，基本不透水，为弱透水层。地下水流向为从北向南，具体流场如图 5-9 所示。

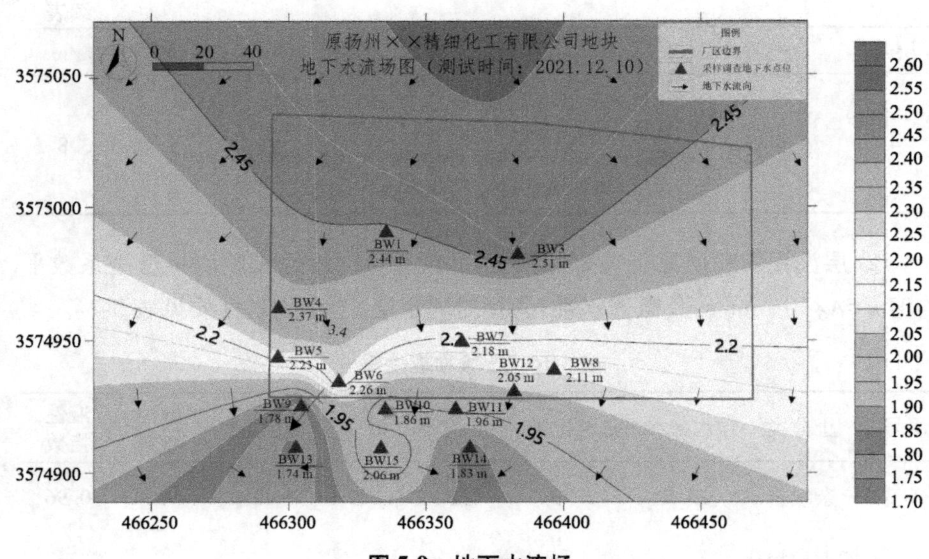

图 5-9　地下水流场

5.3.1.2　地块污染特征

精细化工企业成立于 1996 年，行业类别为 C2614 有机化学原料制造，主要产品有对硝基苯甲醇、对硝基苯甲醇丙二酸单酯、邻硝基苯甲醇等。精细化工企业于 2016 年停产，2018—2020 年陆续拆除相关构筑物，原厂区现只有地块西南部的仓库尚未拆除。根据地块历史企业生产产品、生产工艺、“三废”产排、疑似污染物与迁移途径分析，地块特征污染物主要为盐酸、砷、铜、溴、二氯甲烷、三氯乙烯、四氯乙烯、甲苯、氯苯、苯胺、丙二酸、对硝基甲苯、邻硝基甲苯、对硝基苯甲醇、邻硝基苯甲醇、苯并[a]芘和石油烃(C_{10} ~ C_{40})；根据地块区域分析表明，可能会造成土壤和地下水污染的区域为包括库房 1、甲苯罐、库房 2、周转仓库、化工生产车间 1、化工生产车间 2、氨冷车间、干化集水池、废水池、锅炉房、裸铜线生产车间 1 和裸铜线生产车间 2。

根据收集到的资料、历史影像图及人员访谈结果分析可知，某电器器材厂于 2010 年成立建厂并投入生产至今，该企业厂址在地块红线范围内东北部，行业类别为 C3251 铜压延加工，主要产品为铜线；某鞋业公司于 2012 年成立建厂并投入生产至今，该企业厂址在地块红线范围内西北部，行业类别为 C1951 纺织面料鞋制造，主要产品为鞋。根据地块周边污染源分析表明，地块周边工业企业生产不涉及有毒有害物质，无工业废水产生，只产生生活污水，对地块影响较小，故地块周边无潜在污染源。

5.3.1.3　钻探采样要求与结果

根据现场钻探工作情况分析可知，地块土层自上而下依次为人工填土（厚度 0.5~1.4 m）、灰色淤泥质粉质黏土夹薄层粉土（厚度 9.1~9.8 m）、灰色粉土夹薄层粉质黏土（厚度 8.9~9.8 m）和灰色粉砂（最大揭示层厚为 3.8 m），地下水的主要类型为孔隙潜水，地下水埋深为 2.45~2.59 m。本次调查土壤点位钻探深度需大于 3.09 m（2.59 m+0.5 m），以取得地下水位以下的土壤样品；由于前期初步调查和详细调查土壤指标超标的最大深度为 6.0~7.0 m，故本次调查土壤点位钻探深度设置为 9.0 m（位于灰色淤泥质粉质黏土夹薄层粉土层）。本次调查共布设 16 个土壤点位，每根采样管长度为 1.5 m，直径为 52 mm。

本次采样调查按以下原则进行土壤采样：表层 0~0.5 m 和 0.5~1.0 m 各采集一个土壤样品，1.0 m 以下层次土壤样品根据经验判断采集，1.0~9.0 m 土壤采样间隔不超过 2 m；不同性质土层至少采集一个土壤样品；水位线附近 50 cm 范围内和地下水含水层中各采集一个土壤样品。

钻机现场作业状态及每个点位采集的土柱样品如图 5-10~图 5-13 所示。

(a) 钻机现场作业照（钻进）

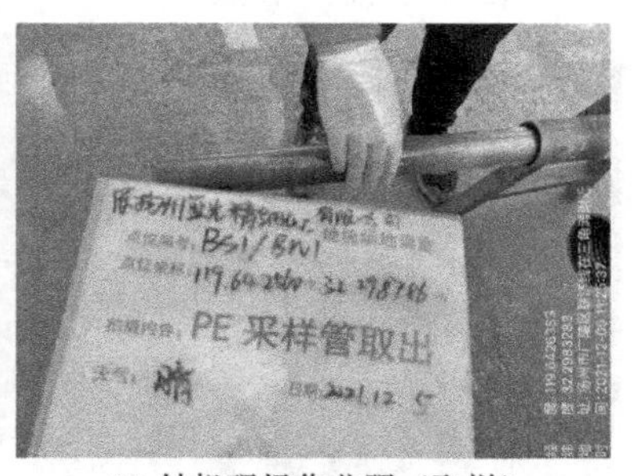

(b) 钻机现场作业照（取样）

图 5-10　钻机现场作业状态

(a) 土柱样品（点位S1）

(b) 土柱样品（点位S2）

(c) 土柱样品（点位S3）

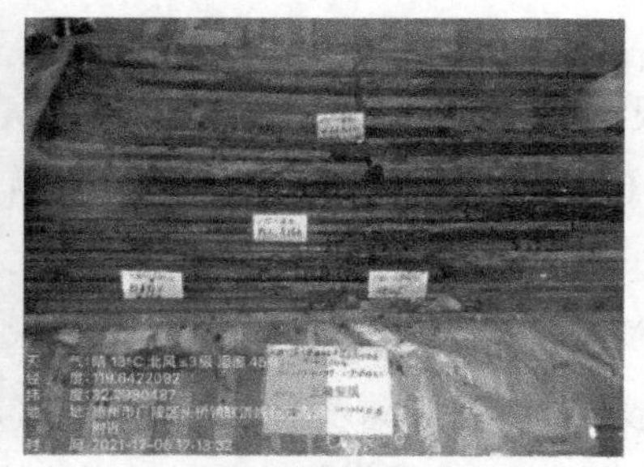

(d) 土柱样品（点位S4）

图 5-11　土柱样品图(1)

(a) 土柱样品（点位S5）

(b) 土柱样品（点位S6）

(c) 土柱样品（点位S7）

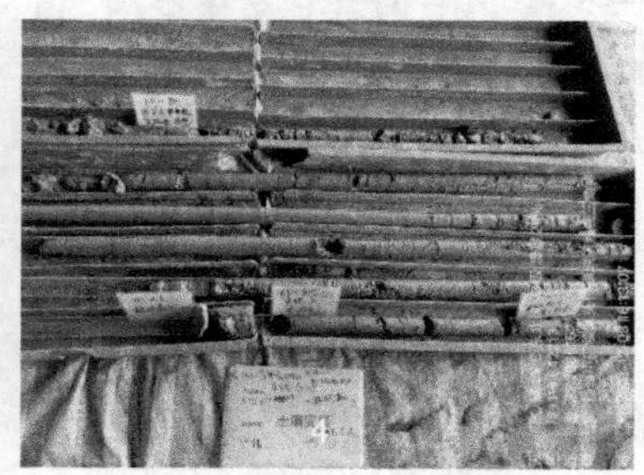

(d) 土柱样品（点位S8）

(e) 土柱样品（点位S9）

(f) 土柱样品（点位S10）

图 5-12　土柱样品图(2)

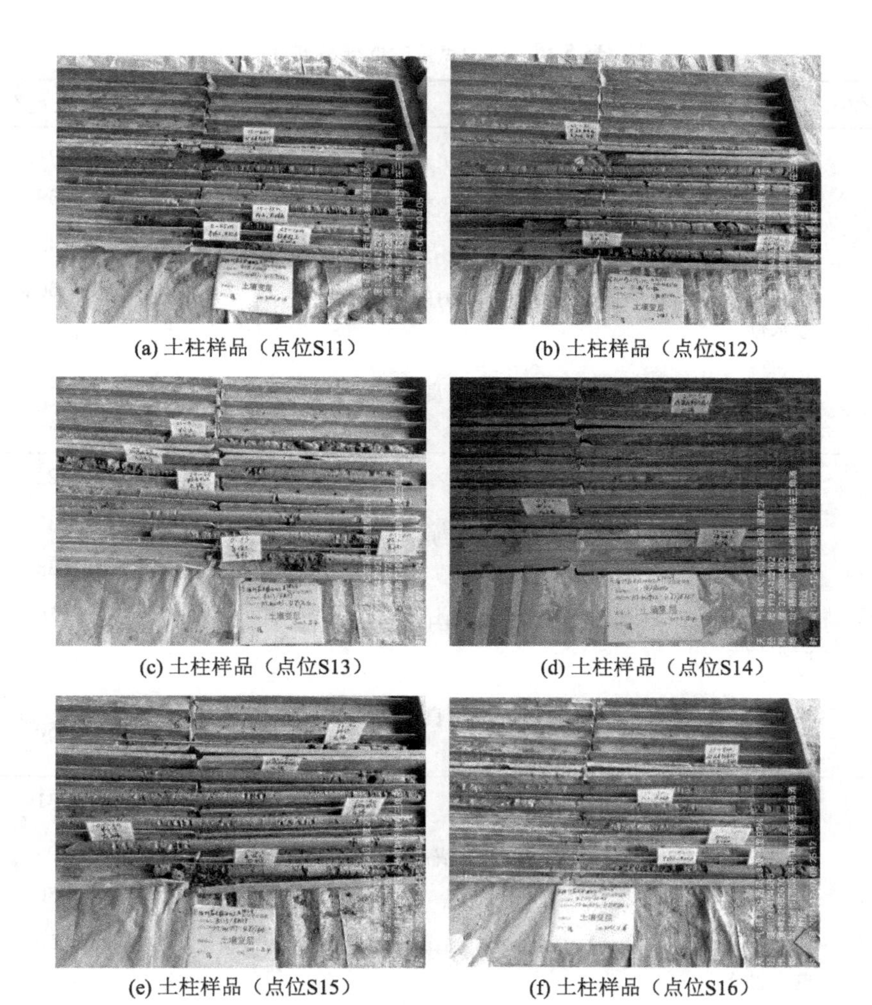

(a) 土柱样品（点位S11）　(b) 土柱样品（点位S12）

(c) 土柱样品（点位S13）　(d) 土柱样品（点位S14）

(e) 土柱样品（点位S15）　(f) 土柱样品（点位S16）

图 5-13　土柱样品图(3)

对每个点位采集到的土柱样品,在取样前进行每一深度的土柱长度的测量,用于计算每管土壤的取芯率,并对总的土柱长度进行合计,不同点位的土壤样品组成及土柱长度信息见表 5-15。

表 5-15　不同点位的取样数据

点位	土层信息	层厚/m	管数	样品长度/m
S1	杂填土:灰黄色,松散,稍湿	0. 5	1	1. 31
	淤泥质粉质黏土:灰色,流塑,高压缩性,微透水性	4. 9	2	1. 39
			3	1. 45
	粉土:灰色,稍密,干强度、韧性低,中压缩性,弱透水性	3. 5	4	1. 50
			5	1. 50
	粉砂:灰黄色,稍密,湿,颗粒级配不良,中压缩性,弱透水性	0. 1	6	1. 50
S2	杂填土:灰黄色,松散,稍湿	0. 7	1	1. 22
	淤泥质粉质黏土:灰色,流塑,高压缩性,微透水性	4. 9	2	1. 31
			3	1. 38
	粉土:灰色,稍密,干强度、韧性低,中压缩性,弱透水性	3. 4	4	1. 50
			5	1. 50
	粉砂:灰黄色,稍密,湿,颗粒级配不良,中压缩性,弱透水性	—	6	1. 50
S3	杂填土:灰黄色,松散,稍湿	0. 5	1	1. 31
	淤泥质粉质黏土:灰色,流塑,高压缩性,微透水性	6. 4	2	1. 50
			3	1. 50
	粉土:灰色,稍密,干强度、韧性低,中压缩性,弱透水性	2. 1	4	1. 50
			5	1. 50
	粉砂:灰黄色,稍密,湿,颗粒级配不良,中压缩性,弱透水性	—	6	1. 50
S4	杂填土:灰黄色,松散,稍湿	0. 5	1	1. 28
	淤泥质粉质黏土:灰色,流塑,高压缩性,微透水性	4. 8	2	1. 39
			3	1. 50
	粉土:灰色,稍密,干强度、韧性低,中压缩性,弱透水性	3. 7	4	1. 50
			5	1. 50
	粉砂:灰黄色,稍密,湿,颗粒级配不良,中压缩性,弱透水性	—	6	1. 50

续表

点位	土层信息	层厚/m	管数	样品长度/m
S5	杂填土:灰黄色,松散,稍湿	0.5	1	1.27
	淤泥质粉质黏土:灰色,流塑,高压缩性,微透水性	5.1	2	1.32
			3	1.50
	粉土:灰色,稍密,干强度、韧性低,中压缩性,弱透水性	3.4	4	1.50
			5	1.50
	粉砂:灰黄色,稍密,湿,颗粒级配不良,中压缩性,弱透水性	—	6	1.50
S6	杂填土:灰黄色,松散,稍湿	0.6	1	1.34
	淤泥质粉质黏土:灰色,流塑,高压缩性,微透水性	5.3	2	1.31
			3	1.50
	粉土:灰色,稍密,干强度、韧性低,中压缩性,弱透水性	3.1	4	1.50
			5	1.50
	粉砂:灰黄色,稍密,湿,颗粒级配不良,中压缩性,弱透水性	—	6	1.50
S7	杂填土:灰黄色,松散,稍湿	0.7	1	1.29
	淤泥质粉质黏土:灰色,流塑,高压缩性,微透水性	5.1	2	1.37
			3	1.50
	粉土:灰色,稍密,干强度、韧性低,中压缩性,弱透水性	3.2	4	1.50
			5	1.50
	粉砂:灰黄色,稍密,湿,颗粒级配不良,中压缩性,弱透水性	—	6	1.50
S8	杂填土:灰黄色,松散,稍湿	0.5	1	1.39
	淤泥质粉质黏土:灰色,流塑,高压缩性,微透水性	6.2	2	1.44
			3	1.50
	粉土:灰色,稍密,干强度、韧性低,中压缩性,弱透水性	2.3	4	1.50
			5	1.50
	粉砂:灰黄色,稍密,湿,颗粒级配不良,中压缩性,弱透水性	—	6	1.50

续表

点位	土层信息	层厚/m	管数	样品长度/m
S9	杂填土:灰黄色,松散,稍湿	0.5	1	1.21
	淤泥质粉质黏土:灰色,流塑,高压缩性,微透水性	2.8	2	1.48
			3	1.50
	粉土:灰色,稍密,干强度、韧性低,中压缩性,弱透水性	5.7	4	1.50
			5	1.50
	粉砂:灰黄色,稍密,湿,颗粒级配不良,中压缩性,弱透水性	—	6	1.50
S10	杂填土:灰黄色,松散,稍湿	0.8	1	1.12
	淤泥质粉质黏土:灰色,流塑,高压缩性,微透水性	3.4	2	1.37
			3	1.50
	粉土:灰色,稍密,干强度、韧性低,中压缩性,弱透水性	4.8	4	1.50
			5	1.50
	粉砂:灰黄色,稍密,湿,颗粒级配不良,中压缩性,弱透水性	—	6	1.50
S11	杂填土:灰黄色,松散,稍湿	1.0	1	1.31
	淤泥质粉质黏土:灰色,流塑,高压缩性,微透水性	2.4	2	1.39
			3	1.43
	粉土:灰色,稍密,干强度、韧性低,中压缩性,弱透水性	5.6	4	1.50
			5	1.50
	粉砂:灰黄色,稍密,湿,颗粒级配不良,中压缩性,弱透水性	—	6	1.50
S12	杂填土:灰黄色,松散,稍湿	0.5	1	1.31
	淤泥质粉质黏土:灰色,流塑,高压缩性,微透水性	4.4	2	1.40
			3	1.50
	粉土:灰色,稍密,干强度、韧性低,中压缩性,弱透水性	4.1	4	1.50
			5	1.50
	粉砂:灰黄色,稍密,湿,颗粒级配不良,中压缩性,弱透水性	—	6	1.50

续表

点位	土层信息	层厚/m	管数	样品长度/m
S13	杂填土:灰黄色,松散,稍湿	0.7	1	1.20
	淤泥质粉质黏土:灰色,流塑,高压缩性,微透水性	3.1	2	1.37
			3	1.50
	粉土:灰色,稍密,干强度、韧性低,中压缩性,弱透水性	5.2	4	1.50
			5	1.50
	粉砂:灰黄色,稍密,湿,颗粒级配不良,中压缩性,弱透水性	—	6	1.50
S14	杂填土:灰黄色,松散,稍湿	0.5	1	1.25
	淤泥质粉质黏土:灰色,流塑,高压缩性,微透水性	7.1	2	1.50
			3	1.50
	粉土:灰色,稍密,干强度、韧性低,中压缩性,弱透水性	1.4	4	1.50
			5	1.50
	粉砂:灰黄色,稍密,湿,颗粒级配不良,中压缩性,弱透水性	—	6	1.50
S15	杂填土:灰黄色,松散,稍湿	0.5	1	1.32
	淤泥质粉质黏土:灰色,流塑,高压缩性,微透水性	5.7	2	1.50
			3	1.50
	粉土:灰色,稍密,干强度、韧性低,中压缩性,弱透水性	2.8	4	1.50
			5	1.50
	粉砂:灰黄色,稍密,湿,颗粒级配不良,中压缩性,弱透水性	—	6	1.50
S16	杂填土:灰黄色,松散,稍湿	0.9	1	1.13
	淤泥质粉质黏土:灰色,流塑,高压缩性,微透水性	2.6	2	1.19
			3	1.34
	粉土:灰色,稍密,干强度、韧性低,中压缩性,弱透水性	5.5	4	1.50
			5	1.50
	粉砂:灰黄色,稍密,湿,颗粒级配不良,中压缩性,弱透水性	—	6	1.50

对16个点位的验证采样结果进行统计分析,不同点位的取样率如表5-16所示。

表5-16　不同点位的取样率

点位	采样深度/m	取芯率/%					
		1	2	3	4	5	6
S1	9(0.5)	87.33	92.67	96.67	100.00	100.00	100.00
S2	9(0.7)	81.33	87.33	92.00	100.00	100.00	100.00
S3	9(0.5)	87.33	100.00	100.00	100.00	100.00	100.00
S4	9(0.5)	85.33	92.67	100.00	100.00	100.00	100.00
S5	9(0.5)	84.67	88.00	100.00	100.00	100.00	100.00
S6	9(0.6)	89.33	87.33	100.00	100.00	100.00	100.00
S7	9(0.7)	86.00	91.33	100.00	100.00	100.00	100.00
S8	9(0.5)	92.67	96.00	100.00	100.00	100.00	100.00
S9	9(0.5)	80.67	98.67	100.00	100.00	100.00	100.00
S10	9(0.8)	74.67	91.33	100.00	100.00	100.00	100.00
S11	9(1.0)	87.33	92.67	95.33	100.00	100.00	100.00
S12	9(0.5)	87.33	93.33	100.00	100.00	100.00	100.00
S13	9(0.7)	80.00	91.33	100.00	100.00	100.00	100.00
S14	9(0.5)	83.33	100.00	100.00	100.00	100.00	100.00
S15	9(0.5)	88.00	100.00	100.00	100.00	100.00	100.00
S16	9(0.9)	75.33	79.33	89.33	100.00	100.00	100.00

注:括号内为每个采样点位杂填土层的厚度。

现场测试数据,将16个点位的每一管的指标均取平均值,得到相应取样深度的钻机性能参数值,如表5-17所示。

表5-17　验证测试记录

深度/m	时间/h	声波频率/Hz	能耗/(L·h^{-1})
0~1.5	0.4	36	5.4
1.5~3.0	0.3	32	5.1
3.0~4.5	0.3	35	5.7

续表

深度/m	时间/h	声波频率/Hz	能耗/(L·h^{-1})
4.5~6.0	0.4	29	6.3
6.0~7.5	0.4	29	7.2
7.5~9.0	0.5	30	7.8

5.3.1.4　案例分析与总结

经过计算,上述指标结果如表 5-18 所示。

表 5-18　样品采样量、平均取芯率、压缩比

钻进深度/m	采样量/(10^{-3} m^3)	平均取芯率/%	压缩比/%
0~1.5	2.68	84.42	15.58
1.5~3.0	2.95	92.62	7.38
3.0~4.5	3.13	98.33	1.67
4.5~6.0	3.18	100	0
6.0~7.5	3.18	100	0
7.5~9.0	3.18	100	0

由于杂填土层的不可塑性,本次验证的土壤样品第一管的取芯率有所波动且相对于下层较低,其取芯率为 74.67%~92.67%;第二管至第五管所在土层主要为富水的淤泥质粉质黏土层和粉土层,第二管的取芯率为 79.33%~100%,第三管的取芯率为 89.33%~100%,其余取样管均被土壤样品充满,即取芯率为 100%。本次土壤污染状况调查的 16 个点位中,土壤表层含有杂填土导致取芯率较低(最低 74.67%),第二管及第三管有部分点位取芯率较低(79.33%、89.33%),其余均达到 100%,超出钻机不同地层取芯率≥95%的设计要求,并且所有点位的采样量完全满足实际分析需求。

由于水比土壤更难压缩,因此含水率较高的松软土壤相对而言压缩比较小,结合地块土壤物理性质及本次试验结果印证了这一结论。同时,对本次试验全过程进行分析,还得到如下结论:

① 当土壤的含水率超过一定限度后,由于土壤之间黏合力变小导致取芯率降低(土壤样品无法被取样管保留而流失),因此在实际钻探中需要根据地层的含水率情况及时补充岩芯捕集器等,以提高土壤样品取芯率。

② 在相对松软地层，钻探采样的动力主要以钻机的回转力和液压系统的下压力为主，由于土壤的松散特点（黏合力降低），高频声波动力系统的高频振动反而会导致土壤样品流失。因此，在作业中需要针对这类地层合理调整动力头系统的声波频率（降低到合理范围内），从而提高土壤样品的取芯率并降低钻机功耗。

5.3.2 某煤制气企业土壤污染状况调查

本次污染地块场地调查选取徐州市某煤制气企业遗留地块作为对象，采用高频声波钻机及其配套的双壁式钻具进行污染地块钻探采样，对钻探有效性（钻进速度、能耗及钻探深度）、采样有效性（采样量和样品取芯率）、采样扰动性（样品的密闭性和保真度）、采样稳定性（采样过程连续稳定运行效果）等钻探采样指标进行记录和分析，以充分验证其实际作业的钻探采样性能，为后续用于其他复杂地层条件的污染地块提供技术参考。

5.3.2.1 地层岩性与水文地质特征

该煤制气企业位于江苏省徐州市某区，其地貌特征为低山-丘陵和山前平原及冲积平原，地块内地势北高南低，总体较开阔，地势起伏较大，标高30~35 m，最低标高26 m，地表相对高差15.02 m。根据1∶20万综合水文地质图（徐州幅），调查区域内为岩溶水。通过查询中国科学院南京土壤研究所的“土壤信息服务平台”，调查地块的土壤类型为普通寒棕壤。根据地层勘察报告分析表明，地表被第四系土层覆盖，第四系以下基岩地层主要为奥陶系沉积地层，岩层走向北东-南西，倾向南东，倾角15°左右。在勘察深度范围内，拟建场地岩土层可分为4个工程地质层，自上而下依次为①层杂填土、②层黏土、③层碎石土、④层中风化灰岩（表5-19）。

表5-19 各地层构成与特征描述

层号	土质	分层土样特征描述	层厚/m
①	杂填土	杂色，松散，湿，主要由黏土及碎石块组成	0.20~5.50
②	黏土	黄、黄棕色，硬塑，切面有光泽，含铁锰氧化物，局部夹少量砂姜石，无摇振反应，韧性高，干强度高	0.20~1.80
③	碎石土	黄褐、红棕色，稍湿，含铁锰氧化物，颗粒级配较好，碎石成分主要为灰岩，主要由黏土充填，次棱角状，中密	0.30~2.00

续表

层号	土质	分层土样特征描述	层厚/m
④	中风化灰岩	棕红、灰色，中等风化，隐晶质结构，中厚层构造，裂隙发育，见方解石脉，较硬岩，较完整，岩体基本质量等级为Ⅲ	钻至 30 m

根据项目地层勘察报告分析可知，地块内的土壤含水率为 23.4%～25.5%；土壤容重平均值为 1.5 kg/dm^3；土壤颗粒密度平均值为 2.75 kg/dm^3；有机质平均值为 5.26 g/kg。

根据已有的项目地层勘察报告可知，本地块地下水类型主要为上层滞水及岩溶水。

上层滞水：拟建场区因第四系覆盖层存在，雨季时会形成上层滞水，上层滞水由雨水、融雪水等渗入时被局部隔水层阻滞而形成，消耗于蒸发及沿隔水层边缘下渗。由于接近地表和分布局限，上层滞水的季节性变化大，一般多在雨季存在，主要赋存于①层杂填土及③层碎石土中。

岩溶水：拟建场区岩溶水赋存于碳酸盐岩类中，主要为石炭系太原组、本溪组及奥陶系地层中，岩性主要为灰岩、泥质灰岩、白云岩等。地下水埋深在 15 m 以下，富水性不均匀，主要与岩溶发育程度有关，岩溶发育强，富水性好，岩溶发育弱，富水性差。单井涌水量一般在 1000 m^3/d 以上，在有利的地貌条件或构造富水部位大于 5000 m^3/d。

由于本次勘探及调查采样期间未见浅层地下水，因此不考虑地下水的情况。

地块内不同土层渗透系数平均值见表 5-20。根据土层渗透系数分析表明，第二层黏土层为相对隔水层。

表 5-20　地层透水性

层号	土层名称	渗透系数平均值	
		水平渗透系数/($cm \cdot s^{-1}$)	垂直渗透系数/($cm \cdot s^{-1}$)
①	杂填土	7.16×10^{-3}	8.72E$\times10^{-3}$
②	黏土	9.00×10^{-7}	9.55×10^{-7}
③	碎石土	—	—
④	中风化灰岩	—	—

5.3.2.2 地块污染特征

根据收集的资料、现场踏勘和人员访谈结果分析可知，调查地块2003年之前为荒地；某煤制气企业于2003年开始建设，2007年投产，2018年关闭，主要生产焦炭、煤气、焦油、硫铵、粗苯、硫磺和萘等。根据地块生产产品、原辅材料、工艺、"三废"产排、疑似污染物与迁移途径分析表明，该地块涉及的疑似污染物包括砷、钒、苯酚、挥发酚、苯并[a]芘和萘及其他多环芳烃14项、苯、甲苯、邻二甲苯、对二甲苯、间二甲苯、苯乙烯、硫化物、氟化物、氨氮、氰化物、石油烃、多氯联苯、二噁英和钴（前期监测数据钴超标）。根据地块区域分析表明，可能会造成土壤污染的区域包括提盐工段、脱硫工段、机修库、配电房、循环水工段、蒸汽锅炉房、焦油罐区、冷鼓工段、硫铵工段、粗苯工段、炼焦工段、原污水处理区、新建焦油罐区、危废库、污水处理区、焦炭堆场1、焦炭堆场2、精煤堆场。

通过现场踏勘、人员访谈、资料收集等工作了解到，地块西侧有1家某粉磨有限公司，现已拆除，正在新建某配套产业园；地块南侧有3家企业，分别为某货运堆场、某纸塑厂、某钢化玻璃厂；地块东侧有1家某粉磨有限公司，已拆除，目前地块处于闲置状态。调查单位通过国家企业信用信息公示系统查询、人员访谈、同行业资料类比等途径收集周边企业的资料，并分析企业可能涉及的疑似污染物。经分析，上述企业为非重点行业企业，对本地块的影响较小。

5.3.2.3 钻探采样要求与结果

本次调查共计布设土壤点位477个，计划钻探深度4.5 m，实际钻至中风化灰岩为止。

由于目标地块属于坚硬地层，且钻探采样深度较浅，钻探采样因触及中风化灰岩而效果不佳，因此选择部分具有代表性和有效性的钻探采样点（土壤点）作为研究对象，钻机现场作业状态及每个点位采集的土柱样品如图5-14～图5-16所示。

(a) 钻机现场作业照（钻进）

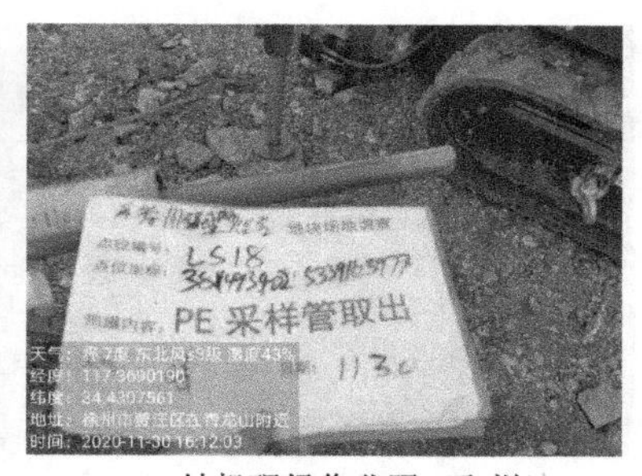

(b) 钻机现场作业照（取样）

图 5-14　钻机现场作业状态

(a) 土柱样品（点位S1）

(b) 土柱样品（点位S2）

(c) 土柱样品（点位S3）

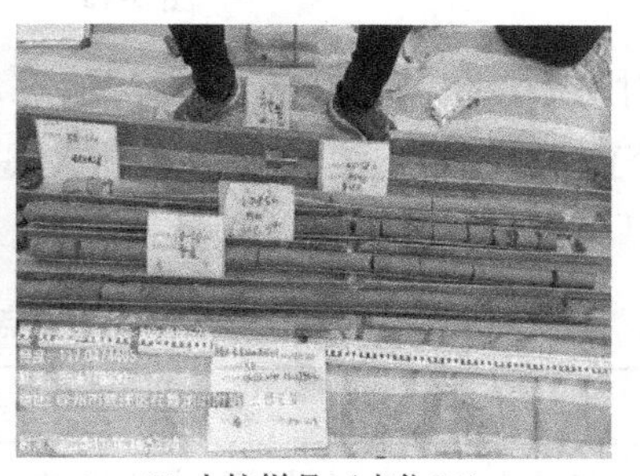

(d) 土柱样品（点位S4）

图 5-15　土柱样品(1)

(a) 土柱样品（点位S5）

(b) 土柱样品（点位S6）

(c) 土柱样品（点位S7）

(d) 土柱样品（点位S8）

(e) 土柱样品（点位S9）

(f) 土柱样品（点位S10）

图 5-16　土柱样品(2)

对每个点位采集到的土柱样品，在取样前进行每一深度的土柱长度的测量，用于计算每管土壤的取芯率，并对总的土柱长度进行合计，不同点位的土壤样品组成及土柱长度信息见表 5-21。

表 5-21　不同点位的取样数据

点位	土层信息	层厚/m	管数	样品长度/m
S1	杂填土：杂色，松散，湿，主要由黏土及碎石块组成	0.4	1	1.21
	黏土：黄、黄棕色，硬塑，韧性高，干强度高	1.7	2	1.37
	碎石土：黄褐、红棕色，稍湿，碎石成分主要为灰岩，主要由黏土充填，中密	2.0	3	1.15
	中风化灰岩：棕红、灰色，中等风化，见方解石脉，较硬岩，较完整，岩体基本质量等级为Ⅲ级	0.1		

续表

点位	土层信息	层厚/m	管数	样品长度/m
S2	杂填土：杂色，松散，湿，主要由黏土及碎石块组成	0.7	1	1.17
	黏土：黄、黄棕色，硬塑，韧性高，干强度高	1.6	2	1.34
	碎石土：黄褐、红棕色，稍湿，碎石成分主要为灰岩，主要由黏土充填，中密	1.8	3	1.13
	中风化灰岩：棕红、灰色，中等风化，见方解石脉，较硬岩，较完整，岩体基本质量等级为Ⅲ级	0.3		
S3	杂填土：杂色，松散，湿，主要由黏土及碎石块组成	0.5	1	1.28
	黏土：黄、黄棕色，硬塑，韧性高，干强度高	1.8	2	1.45
	碎石土：黄褐、红棕色，稍湿，碎石成分主要为灰岩，主要由黏土充填，中密	2.0	3	1.09
	中风化灰岩：棕红、灰色，中等风化，见方解石脉，较硬岩，较完整，岩体基本质量等级为Ⅲ级	0.2		
S4	杂填土：杂色，松散，湿，主要由黏土及碎石块组成	0.3	1	1.18
	黏土：黄、黄棕色，硬塑，韧性高，干强度高	1.8	2	1.42
	碎石土：黄褐、红棕色，稍湿，碎石成分主要为灰岩，主要由黏土充填，中密	2.0	3	1.07
	中风化灰岩：棕红、灰色，中等风化，见方解石脉，较硬岩，较完整，岩体基本质量等级为Ⅲ级	—		
S5	杂填土：杂色，松散，湿，主要由黏土及碎石块组成	0.9	1	1.25
	黏土：黄、黄棕色，硬塑，韧性高，干强度高	1.8	2	1.50
	碎石土：黄褐、红棕色，稍湿，碎石成分主要为灰岩，主要由黏土充填，中密	2.0	3	1.18
	中风化灰岩：棕红、灰色，中等风化，见方解石脉，较硬岩，较完整，岩体基本质量等级为Ⅲ级	—		

续表

点位	土层信息	层厚/m	管数	样品长度/m
S6	杂填土:杂色,松散,湿,主要由黏土及碎石块组成	0.2	1	1.22
	黏土:黄、黄棕色,硬塑,韧性高,干强度高	1.8	2	1.39
	碎石土:黄褐、红棕色,稍湿,碎石成分主要为灰岩,主要由黏土充填,中密	1.9	3	1.14
	中风化灰岩:棕红、灰色,中等风化,见方解石脉,较硬岩,较完整,岩体基本质量等级为Ⅲ级	0.4		
S7	杂填土:杂色,松散,湿,主要由黏土及碎石块组成	0.3	1	1.35
	黏土:黄、黄棕色,硬塑,韧性高,干强度高	1.8	2	1.50
	碎石土:黄褐、红棕色,稍湿,碎石成分主要为灰岩,主要由黏土充填,中密	1.7	3	1.05
	中风化灰岩:棕红、灰色,中等风化,见方解石脉,较硬岩,较完整,岩体基本质量等级为Ⅲ级	0.2		
S8	杂填土:杂色,松散,湿,主要由黏土及碎石块组成	0.5	1	1.32
	黏土:黄、黄棕色,硬塑,韧性高,干强度高	1.7	2	1.41
	碎石土:黄褐、红棕色,稍湿,碎石成分主要为灰岩,主要由黏土充填,中密	1.5	3	1.18
	中风化灰岩:棕红、灰色,中等风化,见方解石脉,较硬岩,较完整,岩体基本质量等级为Ⅲ级	0.5		
S9	杂填土:杂色,松散,湿,主要由黏土及碎石块组成	0.5	1	1.27
	黏土:黄、黄棕色,硬塑,韧性高,干强度高	1.6	2	1.42
	碎石土:黄褐、红棕色,稍湿,碎石成分主要为灰岩,主要由黏土充填,中密	1.8	3	1.21
	中风化灰岩:棕红、灰色,中等风化,见方解石脉,较硬岩,较完整,岩体基本质量等级为Ⅲ级	0.3		

续表

点位	土层信息	层厚/m	管数	样品长度/m
S10	杂填土：杂色，松散，湿，主要由黏土及碎石块组成	0.2	1	1.29
	黏土：黄、黄棕色，硬塑，韧性高，干强度高	1.7	2	1.50
	碎石土：黄褐、红棕色，稍湿，碎石成分主要为灰岩，主要由黏土充填，中密	1.9	3	1.16
	中风化灰岩：棕红、灰色，中等风化，见方解石脉，较硬岩，较完整，岩体基本质量等级为Ⅲ级	0.2		

对 10 个点位的验证采样结果进行统计分析，不同点位的取样率如表 5-22 所示。

表 5-22　不同点位的取样率

点位	采样深度/m	取芯率/%		
		1	2	3
S1	4.5(0.4)	80.67	91.33	76.67
S2	4.5(0.7)	78.00	89.33	75.33
S3	4.5(0.5)	85.33	96.67	72.67
S4	4.5(0.3)	78.67	94.67	71.33
S5	4.5(0.9)	83.33	100.00	78.67
S6	4.5(0.2)	81.33	92.67	76.00
S7	4.5(0.3)	90.00	100.00	70.00
S8	4.5(0.5)	88.00	94.00	78.67
S9	4.5(0.5)	84.67	94.67	80.67
S10	4.5(0.2)	86.00	100.00	77.33

注：括号内数值为每个采样点位杂填土层的厚度。

现场测试数据，将 10 个点位的每一管的指标均取平均值，得到相应取样深度的钻机性能参数值，如表 5-23 所示。

表 5-23　地层验证测试记录

深度/m	时间/h	声波频率/Hz	能耗/($L \cdot h^{-1}$)
0~1.5	0.6	102	8.9
1.5~3.0	0.5	99	10.5
3.0~4.5	0.8	121	12.4

5.3.2.4　案例分析与总结

经过计算，上述指标结果如表 5-24 所示。

表 5-24　样品采样量、平均取芯率、压缩比

钻进深度/m	采样量/(10^{-3} m^3)	平均取芯率/%	压缩比/%
0~1.5	2.66	83.60	16.40
1.5~3.0	3.03	95.30	4.70
3.0~4.5	2.41	75.73	24.27

根据场地的地质勘探资料，上层杂填土主要由黏土及碎石块组成，导致本次验证的土壤样品第一管的取芯率有所波动且相对于下层较低，第一管的取芯率分布在 78%~90%范围内。第二管及第三管所在的土层主要为黏土及碎石土层，最底下为中风化灰岩，土壤取芯率都保持在 70%~100%范围内。本次验证的 10 个点位中，除含有碎石土导致取芯率较低外（最低 70%），其余均在 78%以上，虽然未能达到钻机不同地层取芯率≥95%的设计要求，但是对于坚硬地层而言，其采样量与取芯率已基本满足实际分析需求。

由于杂填土及碎石土层的不可塑性，本次调查土壤样品的取芯率差异较大，第一管及第二管的取芯率为 78%~100%，第三管所在土层包括碎石土和中风化灰岩层，其取芯率比第一管和第二管略有降低，取芯率为 70%~80.67%。本次调查验证的 10 个点位中，高频声波钻机采集 4.5 m 深的土壤总取芯率有 1 个点位达到 80%以上，有 9 个点位达到 70%以上，但采样量都能够满足实际污染场地采样量的分析需求，部分点位满足污染场地原位弱扰动采样取芯率超过 90%的要求。同时，对本次试验全过程进行分析，结合本地块的土壤物理性质，还得到如下结论：

① 适当提高声波振动频率可以使结构致密的黏土层变得松散，增大钻机的钻进速度，但是提高声波振动频率也可能使土壤颗粒结构松散，降低采样

量和取芯率。因此,在现场作业中需要针对这类地层合理调整动力头系统的声波频率,从而取得较好的采样效果。

② 高频声波钻机主轴回转力的增大可以使钻头较快地切割土层,增大坚硬地层的钻进速度。因此,类似地层作业中可以考虑在提高声波频率的同时适当增加主轴的旋转。

5.3.3 某大型钢铁焦化联合企业土壤污染状况调查

本次污染地块场地调查选取徐州市某大型钢铁焦化联合企业遗留地块作为对象,采用高频声波钻机及其配套的双壁式钻具进行污染地块钻探采样,对钻探有效性(钻进速度、能耗及钻探深度)、采样有效性(采样量和样品取芯率)、采样扰动性(样品的密闭性和保真度)、采样稳定性(采样过程连续稳定运行效果)等钻探采样指标进行记录和分析,以充分验证其实际作业的钻探采样性能,为后续用于其他复杂地层条件的污染地块提供技术参考。

5.3.3.1 地层岩性与水文地质特征

本项目地处徐州背斜核部,区域土层以老城杂填土、素填土及第四系黏土为主,下伏基岩主要为震旦系城山组(Zc)。根据本项目水文地质钻探,结合区域地质资料得知,第四系地层沉积厚度相对较薄,第四系厚度较小,为15.0~20.3 m,仅见全新统(Q4)和上更新统(Q3),地层发育不全,上部以冲积、漫滩积相为主,下部以河湖相、冲洪积相为主;下部以基岩震旦系城山组(Zc)泥质灰岩、砂质灰岩为主。场地地层结构详述见表 5-25。

表 5-25 各地层构成与特征描述

层号	土质	分层土样特征描述	层厚/m
①	杂填土(Q4ml)	杂色,松散,稍湿;以建渣、原厂废弃物为主,夹少量粉土、粉质黏土;该层在全场均有分布,北区略厚于南区	0.7~5.7
①-1	粉土(Q4al)	浅黄,稍密,湿;以粉粒为主,土质较均匀;该层在全场均有分布,南区略厚于北区	1.1~5.5
①-2	粉质黏土(Q4al)	浅黄,湿,软塑;以黏粒及粉粒为主,含少量高岭土,稍有光泽,层理特征不明显,无摇振反应,干强度高,韧性中等;该层在全场均有分布,南区整体略厚于北区	1.1~6.1

续表

层号	土质	分层土样特征描述	层厚/m
①-3	粉土(Q4al)	浅黄,稍密,湿;以粉粒为主,土质较均匀;该层在全场均有分布	0.5~3.4
①-4	黏土(Q4al)	灰黑,稍湿,硬塑;以黏粒为主,含少量粉粒及高岭土,稍有光泽,层理特征不明显,无摇振反应,干强度高,韧性中等;该层在全场均有分布,北区明显厚于南区	0.6~5.0
①-5	黏土(Q4al)	褐黄,稍湿,可塑;以黏粒为主,含少量粉细砂、铁锰质结核,稍有光泽,层理特征不明显,无摇振反应,干强度高,韧性中等;该层在全场均有分布	0.2~1.4
②-1	粉砂(Q3l)	浅黄,松散,湿;岩芯松散,主要由粉砂及黏粒组成,分选性好,颗粒均匀;该层在全场均有分布,厂区西北部厚度相对最大,整体向南部厚度变薄,并向南部逐渐尖灭	0.0~2.8
②-2	黏土(Q3l)	黄褐色,稍湿,硬塑;以黏粒为主,含钙质结核、铁锰质结核和少量粉粒及高岭土,稍有光泽,层理特征不明显,无摇振反应,干强度高,韧性中等;该层在全场均有分布	0.8~3.8
②-3	黏土(Q3l)	灰褐,稍湿,硬塑,以黏粒为主,含大量铁锰质结核和少量粉粒及高岭土,稍有光泽,层理特征不明显,无摇振反应,干强度高,韧性中等;该层在全场均有分布	0.5~3.0
③-1	震旦系城山组(Zc)全风化泥质灰岩、砂质灰岩	黄褐色,结构构造不清晰,岩芯成土柱状,手捏易碎,局部夹有碎块状的强风化泥质灰岩、砂质灰岩;	0.2~3.0
③-2	震旦系城山组(Zc)强风化泥质灰岩、砂质灰岩	黄褐色泥质结构,中厚层状构造,节理裂隙发育强烈,裂隙均为泥质充填,岩芯多为片状或块状,片状手可折断,块状锤击声哑,易击碎,属软岩,岩体破碎	—

地下水水位统测显示,潜水含水层水位埋深为 0.24~5.85 m;其中,北区水位埋深为 0.24~3.83 m,水力坡度为 0.72‰~0.76‰,平均水力坡度为 0.74‰,可视为天然水力坡度;南区东南侧形成了明显的地下水降位漏斗,地下水位埋深为 1.50~5.85 m,本地块东南角部分 5.5 m 完全被疏干,水力坡度为 0.98‰~1.91‰,平均水力坡度 1.50‰,可视为采动条件下水力坡度。微承压含水层水位埋深为 0.47~5.63 m,受西南侧基坑降水影响水力坡度增大,

为1.46‰~2.26‰，平均水力坡度为1.86‰。本地块各地层渗透性取值见表5-26，从土工试验和现场试验统计数据来看，各岩土层渗透系数在南北区不存在明显差异。

表5-26　地层透水性

层号	岩土名称	室内试验		现场试验	渗透系数建议值/(cm·s^{-1})	岩土渗透性分级
		水平渗透系数/(cm·s^{-1})	垂直渗透系数/(cm·s^{-1})	渗透系数/(cm·s^{-1})		
①	杂填土	9.36×10^{-6}	7.57×10^{-6}	5.45×10^{-4}	5.45×10^{-4}	弱透水
①-1，①-3	粉土	6.69×10^{-5}	5.51×10^{-5}	2.66×10^{-5}	2.66×10^{-5}	弱透水
①-2	粉质黏土	9.21×10^{-6}	7.62×10^{-6}	2.61×10^{-5}	2.61×10^{-5}	弱透水
①-4，①-5	黏土	8.72×10^{-7}	6.89×10^{-7}	—	8.72×10^{-7}	不透水
②-1	粉砂	2.20×10^{-4}	1.14×10^{-4}	1.39×10^{-3}	1.39×10^{-3}	中等透水
②-2，②-3	黏土	7.00×10^{-6}	5.99×10^{-6}	—	7.00×10^{-6}	微透水
③-1，③-2	泥质灰岩、砂质灰岩	—	—	—	6.60×10^{-6}	微透水

本地块地下水动态仍然为降水-入渗型，但受到西南侧基坑降水的影响，地块地下水出现了明显的下降特征。根据野外工作开展期间平水期(4月)水位统测，发现潜水含水层水位埋深为0.24~5.85 m，南区东南侧形成了明显的地下水降位漏斗。潜水含水层地下水流向见图5-17。

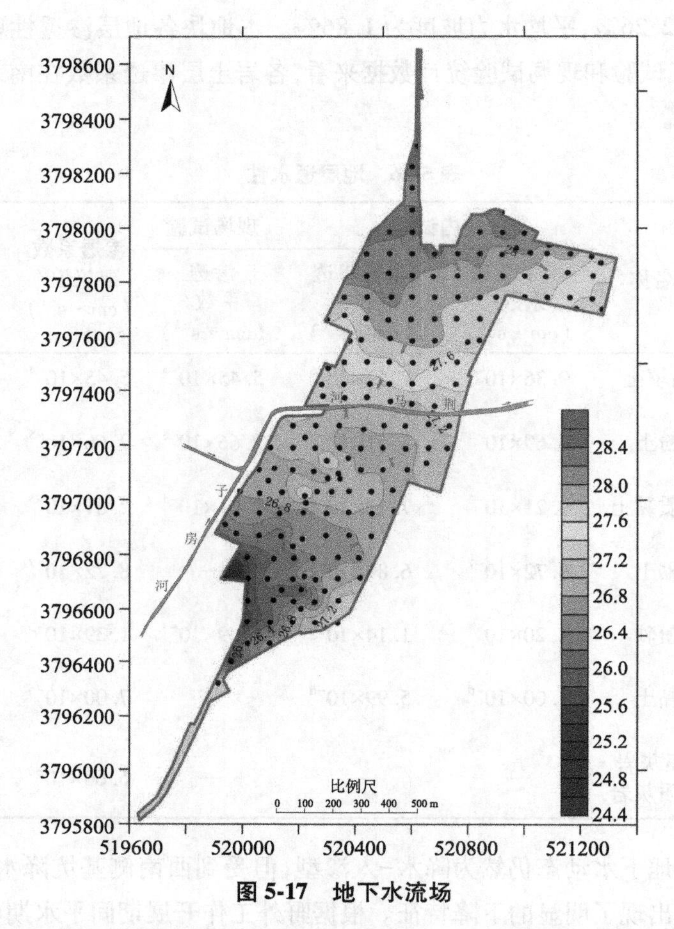

图 5-17 地下水流场

通过查询中国科学院南京土壤研究所的“土壤信息服务平台”，调查地块的土壤类型为淤沙土。

5.3.3.2 地块污染特征

根据收集的相关资料分析可知，调查地块历史生产活动主要从事焦炭、焦油、煤气、硫铵、粗苯、供热、球墨铸铁管的生产与销售；主要重点区域包括烧结分厂、炼铁分厂、小管分厂、热力分厂、焦化分厂、铸管分厂和废料处理中心；调查地块产生的废气主要包括有组织排放和无组织排放的烟尘、粉尘、二氧化硫和氮氧化物等；焦化、烧结、热力、炼铁、铸管等分厂污水自行处理后达标排放，小管厂废水排入荆马河污水处理厂；固体废物主要包括废机油、煤灰等，暂存于焦化分厂西侧的废料处理中心，待储存达一定量后委托处理。

根据地块生产产品、原辅材料、生产工艺、“三废”产排、疑似污染物与迁移途径分析，调查地块特征污染物主要有 51 项，分别为酸碱（pH）、重金属 15 项（砷、镉、汞、铅、铜、镍、钴、钒、锑、铍、铊、锌、锰、硒、钼）；硫化物、硫酸盐、氯化物、氨氮、氰化物、氟化物；挥发酚及酚类；苯、甲苯、乙苯、间二甲苯、对二甲苯、邻二甲苯、苯乙烯、氯苯、1,2-二氯苯；多环芳烃 16 项（苯并[a]蒽、苯并[a]芘、苯并[b]荧蒽、苯并[k]荧蒽、屈、二苯并[a,h]蒽、茚并[1,2,3-cd]、萘、蒽、芴、菲、荧蒽、芘、苯并[g,h,i]苝、苊烯、苊）；石油烃（C_{10}~C_{40}）；多氯联苯；二噁英（总毒性当量）。

5.3.3.3　钻探采样要求与结果

本次调查共布设土壤点位 613 个，每根采样管长度为 1.5 m，直径为 52 mm。由于地块面积过大，现选择地块典型区域中具有代表性的部分点位进行分析。根据水文地质勘察结果得知，该地块土层大致可分为 7 层，分别是①层杂填土（厚 1~5 m）、②层粉土、粉质黏土（厚 4.1~14.7 m）、③层黏土（厚 0.8~4.5 m）、④层粉细砂（厚 0~3.4 m）、⑤层含砂姜黏土（厚 1~6.7 m）、⑥层全风化黏土和⑦层强风化砂质灰岩、泥质灰岩。

结合现场踏勘和水文地质勘查结果，计划土壤钻探深度为 6 m；表层 0~0.5 m 采集一个土壤样品；0.5 m 以下土壤样品采集遵循如下原则：0~6 m 共采集 9 份小样，依据土壤情况及快筛结果判断送检样品；不同性质土层至少采集一个土壤样品；水位线附近 50 cm 范围内和地下水含水层中各采集一个土壤样品；同一性质土层厚度较大或出现明显污染痕迹时，根据实际情况在该层位增加采样点；每个点位至少送检 3 个样品；所有点位每个层次样品均进行快速检测。实际钻孔深度和采样深度根据采样现场实际情况进行调整。

钻机现场采样现场作业状态及每个点位采集的土柱样品如图 5-18~图 5-21 所示。

(a) 钻机现场作业照（钻进）

(b) 钻机现场作业照（取样）

图 5-18　钻机现场作业状态

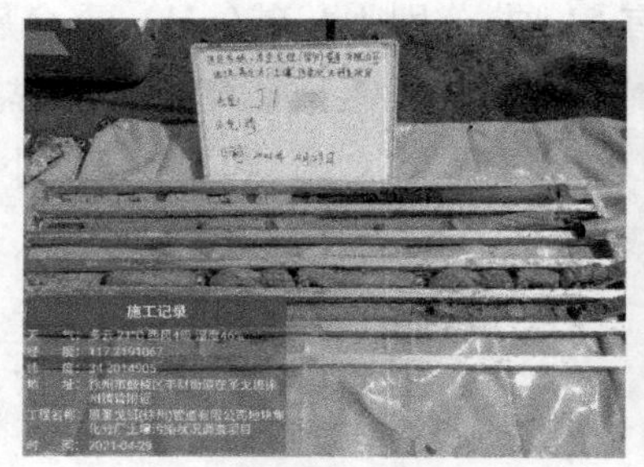

(a) 土柱样品（点位S1）

(b) 土柱样品（点位S2）

(c) 土柱样品（点位S3）

(d) 土柱样品（点位S4）

图 5-19　土柱样品(1)

(a) 土柱样品（点位S5）

(b) 土柱样品（点位S6）

(c) 土柱样品（点位S7）

(d) 土柱样品（点位S8）

(e) 土柱样品（点位S9）

(f) 土柱样品（点位S10）

图 5-20　土柱样品(2)

(a) 土柱样品（点位S11）

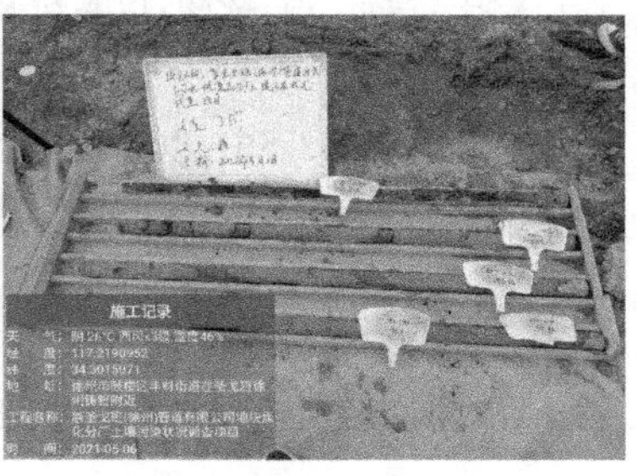

(b) 土柱样品（点位S12）

(c) 土柱样品（点位S13）

(d) 土柱样品（点位S14）

(e) 土柱样品（点位S15）

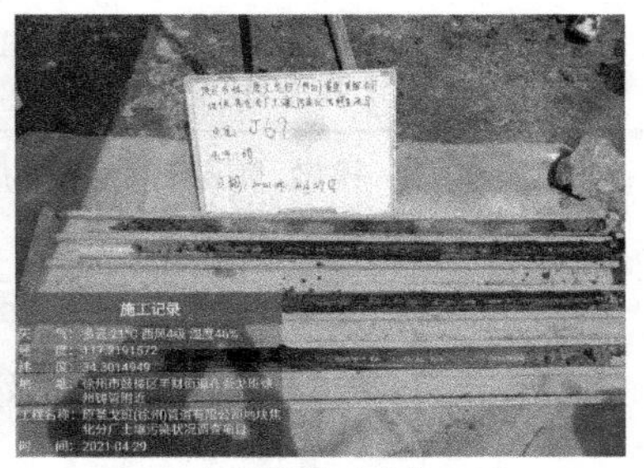

(f) 土柱样品（点位S16）

图 5-21　土柱样品(3)

对每个点位采集到的土柱样品,在取样前进行每一深度的土柱长度的测量,用于计算每管土壤的取芯率,并对总的土柱长度进行合计,不同点位的土壤样品组成及土柱长度信息见表 5-27。

表 5-27　不同点位的取样数据

点位	土层信息	层厚/m	管数	样品长度/m
S1	杂填土:杂色,松散,稍湿;以建渣为主,夹少量粉土、粉质黏土	0.7	1	1.31
	粉土:浅黄,稍密,湿;以粉粒为主,土质较均匀	2.9	2	1.34
	粉质黏土:浅黄,湿,软塑;以黏粒及粉粒为主,含少量高岭土,干强度高,韧性中等	3.5	3	1.39
	黏土:灰黑,稍湿,硬塑;以黏粒为主,含少量粉粒及高岭土,干强度高,韧性中等	2.1	4	1.45
S2	杂填土:杂色,松散,稍湿;以建渣为主,夹少量粉土、粉质黏土	0.5	1	1.34
	粉土:浅黄,稍密,湿;以粉粒为主,土质较均匀	2.4	2	1.37
	粉质黏土:浅黄,湿,软塑;以黏粒及粉粒为主,含少量高岭土,干强度高,韧性中等	2.7	3	1.41
	黏土:灰黑,稍湿,硬塑;以黏粒为主,含少量粉粒及高岭土,干强度高,韧性中等	1.3	4	1.38
S3	杂填土:杂色,松散,稍湿;以建渣为主,夹少量粉土、粉质黏土	0.7	1	1.32
	粉土:浅黄,稍密,湿;以粉粒为主,土质较均匀	2.7	2	1.36
	粉质黏土:浅黄,湿,软塑;以黏粒及粉粒为主,含少量高岭土,干强度高,韧性中等	3.1	3	1.34
	黏土:灰黑,稍湿,硬塑;以黏粒为主,含少量粉粒及高岭土,干强度高,韧性中等	1.5	4	1.40
S4	杂填土:杂色,松散,稍湿;以建渣为主,夹少量粉土、粉质黏土	0.6	1	1.33
	粉土:浅黄,稍密,湿;以粉粒为主,土质较均匀	3.1	2	1.35
	粉质黏土:浅黄,湿,软塑;以黏粒及粉粒为主,含少量高岭土,干强度高,韧性中等	2.5	3	1.35
	黏土:灰黑,稍湿,硬塑;以黏粒为主,含少量粉粒及高岭土,干强度高,韧性中等	2.1	4	1.37

续表

点位	土层信息	层厚/m	管数	样品长度/m
S5	杂填土:杂色,松散,稍湿;以建渣为主,夹少量粉土、粉质黏土	0.7	1	1.35
	粉土:浅黄,稍密,湿;以粉粒为主,土质较均匀	2.3	2	1.39
	粉质黏土:浅黄,湿,软塑;以黏粒及粉粒为主,含少量高岭土,干强度高,韧性中等	2.8	3	1.37
	黏土:灰黑,稍湿,硬塑;以黏粒为主,含少量粉粒及高岭土,干强度高,韧性中等	1.4	4	1.41
S6	杂填土:杂色,松散,稍湿;以建渣为主,夹少量粉土、粉质黏土	0.5	1	1.35
	粉土:浅黄,稍密,湿;以粉粒为主,土质较均匀	2.4	2	1.31
	粉质黏土:浅黄,湿,软塑;以黏粒及粉粒为主,含少量高岭土,干强度高,韧性中等	3.1	3	1.42
	黏土:灰黑,稍湿,硬塑;以黏粒为主,含少量粉粒及高岭土,干强度高,韧性中等	1.1	4	1.45
S7	杂填土:杂色,松散,稍湿;以建渣为主,夹少量粉土、粉质黏土	0.6	1	1.29
	粉土:浅黄,稍密,湿;以粉粒为主,土质较均匀	2.4	2	1.38
	粉质黏土:浅黄,湿,软塑;以黏粒及粉粒为主,含少量高岭土,干强度高,韧性中等	3.3	3	1.39
	黏土:灰黑,稍湿,硬塑;以黏粒为主,含少量粉粒及高岭土,干强度高,韧性中等	2.1	4	1.40
S8	杂填土:杂色,松散,稍湿;以建渣为主,夹少量粉土、粉质黏土	0.6	1	1.33
	粉土:浅黄,稍密,湿;以粉粒为主,土质较均匀	2.5	2	1.34
	粉质黏土:浅黄,湿,软塑;以黏粒及粉粒为主,含少量高岭土,干强度高,韧性中等	3.1	3	1.37
	黏土:灰黑,稍湿,硬塑;以黏粒为主,含少量粉粒及高岭土,干强度高,韧性中等	1.4	4	1.38

续表

点位	土层信息	层厚/m	管数	样品长度/m
S9	杂填土:杂色,松散,稍湿;以建渣为主,夹少量粉土、粉质黏土	0.4	1	1.34
	粉土:浅黄,稍密,湿;以粉粒为主,土质较均匀	2.2	2	1.40
	粉质黏土:浅黄,湿,软塑;以黏粒及粉粒为主,含少量高岭土,干强度高,韧性中等	2.9	3	1.34
	黏土:灰黑,稍湿,硬塑;以黏粒为主,含少量粉粒及高岭土,干强度高,韧性中等	2.3	4	1.41
S10	杂填土:杂色,松散,稍湿;以建渣为主,夹少量粉土、粉质黏土	0.6	1	1.34
	粉土:浅黄,稍密,湿;以粉粒为主,土质较均匀	2.5	2	1.31
	粉质黏土:浅黄,湿,软塑;以黏粒及粉粒为主,含少量高岭土,干强度高,韧性中等	3.0	3	1.44
	黏土:灰黑,稍湿,硬塑;以黏粒为主,含少量粉粒及高岭土,干强度高,韧性中等	2.2	4	1.39
S11	杂填土:杂色,松散,稍湿;以建渣为主,夹少量粉土、粉质黏土	0.6	1	1.33
	粉土:浅黄,稍密,湿;以粉粒为主,土质较均匀	2.6	2	1.39
	粉质黏土:浅黄,湿,软塑;以黏粒及粉粒为主,含少量高岭土,干强度高,韧性中等	3.1	3	1.35
	黏土:灰黑,稍湿,硬塑;以黏粒为主,含少量粉粒及高岭土,干强度高,韧性中等	2.1	4	1.40
S12	杂填土:杂色,松散,稍湿;以建渣为主,夹少量粉土、粉质黏土	0.7	1	1.27
	粉土:浅黄,稍密,湿;以粉粒为主,土质较均匀	3.1	2	1.35
	粉质黏土:浅黄,湿,软塑;以黏粒及粉粒为主,含少量高岭土,干强度高,韧性中等	2.5	3	1.32
	黏土:灰黑,稍湿,硬塑;以黏粒为主,含少量粉粒及高岭土,干强度高,韧性中等	1.8	4	1.36

续表

点位	土层信息	层厚/m	管数	样品长度/m
S13	杂填土:杂色,松散,稍湿;以建渣为主,夹少量粉土、粉质黏土	0.6	1	1.34
	粉土:浅黄,稍密,湿;以粉粒为主,土质较均匀	2.6	2	1.32
	粉质黏土:浅黄,湿,软塑;以黏粒及粉粒为主,含少量高岭土,干强度高,韧性中等	3.1	3	1.39
	黏土:灰黑,稍湿,硬塑;以黏粒为主,含少量粉粒及高岭土,干强度高,韧性中等	2.6	4	1.41
S14	杂填土:杂色,松散,稍湿;以建渣为主,夹少量粉土、粉质黏土	0.5	1	1.34
	粉土:浅黄,稍密,湿;以粉粒为主,土质较均匀	3.2	2	1.32
	粉质黏土:浅黄,湿,软塑;以黏粒及粉粒为主,含少量高岭土,干强度高,韧性中等	3.1	3	1.41
	黏土:灰黑,稍湿,硬塑;以黏粒为主,含少量粉粒及高岭土,干强度高,韧性中等	0.9	4	1.40
S15	杂填土:杂色,松散,稍湿;以建渣为主,夹少量粉土、粉质黏土	0.6	1	1.32
	粉土:浅黄,稍密,湿;以粉粒为主,土质较均匀	2.7	2	1.34
	粉质黏土:浅黄,湿,软塑;以黏粒及粉粒为主,含少量高岭土,干强度高,韧性中等	2.8	3	1.39
	黏土:灰黑,稍湿,硬塑;以黏粒为主,含少量粉粒及高岭土,干强度高,韧性中等	2.6	4	1.40
S16	杂填土:杂色,松散,稍湿;以建渣为主,夹少量粉土、粉质黏土	0.7	1	1.36
	粉土:浅黄,稍密,湿;以粉粒为主,土质较均匀	2.4	2	1.32
	粉质黏土:浅黄,湿,软塑;以黏粒及粉粒为主,含少量高岭土,干强度高,韧性中等	2.8	3	1.37
	黏土:灰黑,稍湿,硬塑;以黏粒为主,含少量粉粒及高岭土,干强度高,韧性中等	2.1	4	1.42

对16个点位的验证采样结果进行统计分析,不同点位的取样率如表5-28所示。

表 5-28　不同点位的取样率

点位	采样深度/m	取芯率/%			
		1	2	3	4
S1	6(0.7)	87.33	89.33	92.67	96.67
S2	6(0.5)	89.33	91.33	94.00	92.00
S3	6(0.7)	88.00	90.67	89.33	93.33
S4	6(0.6)	88.67	90.00	90.00	91.33
S5	6(0.7)	90.00	92.67	91.33	94.00
S6	6(0.5)	90.00	87.33	94.67	96.67
S7	6(0.6)	86.00	92.00	92.67	93.33
S8	6(0.6)	88.67	89.33	91.33	92.00
S9	6(0.4)	89.33	93.33	89.33	94.00
S10	6(0.6)	89.33	87.33	96.00	92.67
S11	6(0.6)	88.67	92.67	90.00	93.33
S12	6(0.7)	84.67	90.00	88.00	90.67
S13	6(0.6)	89.33	88.00	92.67	94.00
S14	6(0.5)	89.33	88.00	94.00	93.33
S15	6(0.6)	88.00	89.33	92.67	93.33
S16	6(0.7)	90.67	88.00	91.33	94.67

注:括号内数值为每个采样点位杂填土层的厚度。

现场测试数据,将16个点位的每一管的指标均取平均值,得到相应取样深度的钻机性能参数值,如表5-29所示。

表 5-29　验证测试记录

深度/m	时间/h	声波频率/Hz	能耗/($L \cdot h^{-1}$)
0~1.5	0.4	46	5.7
1.5~3.0	0.5	52	6.5
3.0~4.5	0.6	55	7.9
4.5~6.0	0.8	70	8.8

5.3.3.4 案例分析与总结

经过计算,上述指标结果如表5-30所示。

表5-30 样品采样量、平均取芯率、压缩比

钻进深度/m	采样量/(10^{-3} m^3)	平均取芯率/%	压缩比/%
0~1.5	2.82	88.58	11.42
1.5~3.0	2.86	89.96	10.04
3.0~4.5	2.92	91.88	8.12
4.5~6.0	2.97	93.46	6.54

由于杂填土层的不可塑性,本次验证的土壤样品第一管的取芯率有所波动且相对于下层较低,其取芯率为84.67%~90.67%;第二管至第四管所在土层主要为富水的粉质黏土层和粉土层,第二管的取芯率为87.33%~93.33%,第三管的取芯率为88%~96%,第四管的取芯率为90.67%~96.67%。本次土壤污染状况调查的16个点位中,土壤表层含有杂填土导致取芯率较低(最低84.67%),第二管及第三管有部分点位取芯率较低(最低分别为87.33%、88%),其余均在90%以上,并且所有点位的采样量完全满足实际分析需求。同时,对本次试验全过程进行分析,还得到如下结论:

① 对于地块表层以碎石土、建筑渣滓等较坚硬物质为主的地层,可适当提高动力头系统的声波频率以保证钻头可以快速钻进。

② 在相对松软且富水性好的粉质黏土、粉土层,钻探动力主要以钻机的回转力和液压系统的下压力为主,在作业中需要合理调整动力头系统的声波频率(降低至合理范围内),以减少土壤样品的流失并降低钻机功耗。

5.3.4 某电镀企业土壤污染状况调查

本次污染地块场地调查选取南京市某电镀企业遗留地块作为对象,采用高频声波钻机及其配套的双壁式钻具进行污染地块钻探采样,对钻探有效性(钻进速度、能耗及钻探深度)、采样有效性(采样量和样品取芯率)、采样扰动性(样品的密闭性和保真度)、采样稳定性(采样过程连续稳定运行效果)等钻探采样指标进行记录和分析,以充分验证其实际作业的钻探采样性能,为后续用于其他复杂地层条件的污染地块提供技术参考。

5.3.4.1 地层岩性与水文地质特征

本次调查地块地势总体上呈北高南低，地貌类型属剥蚀低山丘陵。通过查询中国科学院南京土壤研究所的“土壤信息服务平台”，调查地块的土壤类型为黄刚土。根据相关环评报告分析表明，场地岩土层可分为3个工程地质层，自上而下依次为①层素填土、②层粉质黏土、③层风化砂岩（表5-31）。

表5-31 各地层构成与特征描述

层号	土质	分层土样特征描述	层厚/m
①	素填土	黄色，局部夹碎石、碎砖，软硬不均，为人工填土；地块普遍分布	0.30~2.70
②	粉质黏土	灰色，夹薄层粉土，可塑~硬塑，隔水层	0.20~1.50
③	强风化砂岩	灰褐色，岩芯呈半岩半土状，碎块状，砾石成分主要为石英砂岩	0.20~0.80

地块北部和南部土层厚度存在较大差异，南部土层厚度大于北部区域，北部区域基岩揭露位置较浅。地块地下水赋存于表层填土较厚部位，为孔隙潜水，富水性及透水性一般，水位变化主要受大气降水影响，雨季水量较丰富。孔隙潜水稳定水位埋深为1.0~1.5 m。

5.3.4.2 地块污染特征

根据收集的相关资料分析可知，调查地块历史生产活动主要从事五金部件的电镀件加工。该地块内现企业为江苏××科技有限公司，主要从事果蔬保鲜剂的生产经营活动。本次调查地块特征污染物为盐酸、氢氧化钠、锌、镍、六价铬、铬、氰化物及石油烃（C_{10}~C_{40}），地块内潜在污染区域主要为污泥储存区、镀锌1车间、镀锌/镀镍车间、抛光车间、污水处理区、盐酸库、非标电镀、硬铬车间和硬铬车间、镀锌2车间。使用的物料如硫酸、氢氧化钠等在运输、贮存过程中的跑、冒、滴、漏造成上述污染物泄漏与扩散，硫酸、氢氧化钠、氰化物和石油烃（C_{10}~C_{40}）会通过大气沉降、淋滤和渗漏进入土壤和地下水，从而造成土壤和地下水污染。上述土壤污染的形成过程与地块历史和现状使用情况存在密切联系。

5.3.4.3 钻探采样要求与结果

根据现场钻探工作情况分析可知，地块土层情况自上而下依次为：①层素填土，厚度为0.2~0.7 m，局部夹碎石、碎砖；②层粉质黏土，厚度为0.9~5.0 m，可塑~硬塑；③层强风化砂岩，厚度为0.3~1.2 m。地下水埋深为

1.5~3.0 m。②层粉质黏土为隔水层。

根据引用的地勘报告土层分布情况得知，引用地块内在深度 0.3~2.7 m 以下有一层平均厚度为 0.2~1.5 m 的粉质黏土层，可认为该层为相对不透水层。因此，该地块土壤钻探深度应达到粉质黏土层且不穿透下层次，故本次调查土壤点位钻探深度设置为 4.5 m。本次调查共布设 10 个土壤点位，每根采样管长度为 1.5 m，直径为 52 mm。实际钻井时，钻探深度将根据地层分布情况和地下水埋深情况进行合理调整。

本次采样调查按以下原则进行土壤采样：表层 0~0.5 m 采集一个土壤样品，0.5 m 以下下层土壤样品根据判断布点法采集，0.5~4 m 土壤采样间隔不超过 2 m；不同性质土层至少采集一个土壤样品；水位线附近 50 cm 范围内和地下水含水层中各采集一个土壤样品。同一性质土层厚度较大或出现明显污染痕迹时，根据实际情况在该层位增加采样点；每个点位至少送检 3 个样品；所有点位每个层次样品均进行快速检测。

钻机现场作业状态及每个点位采集的土壤样品如图 5-22~图 5-24 所示。

(a) 钻机现场作业照（钻进）

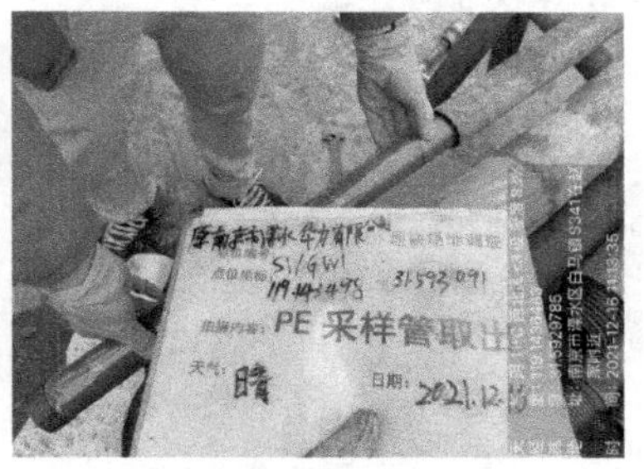

(b) 钻机现场作业照（取样）

图 5-22　钻机现场作业状态

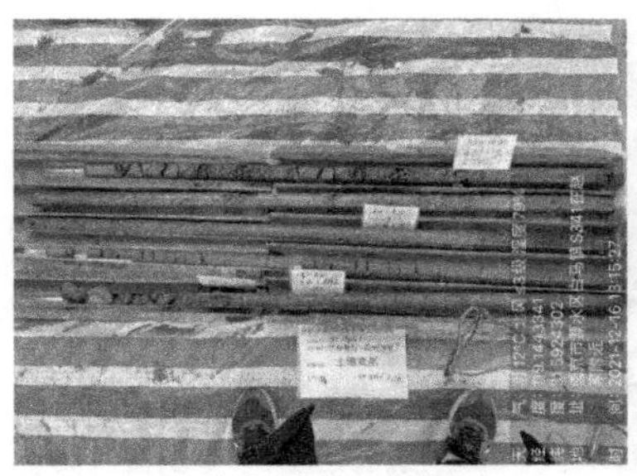

(a) 土柱样品（点位S1）

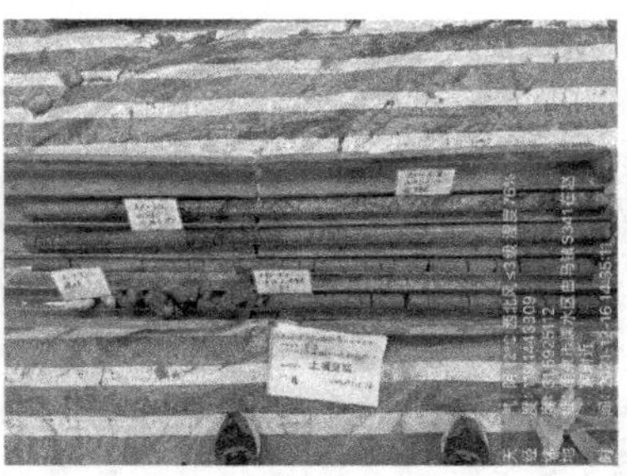

(b) 土柱样品（点位S2）

(c) 土柱样品（点位S3）

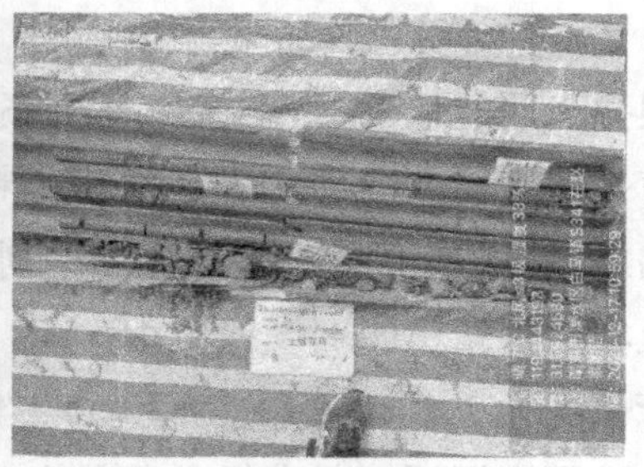

(d) 土柱样品（点位S4）

图 5-23　土柱样品(1)

(a) 土柱样品（点位S5）

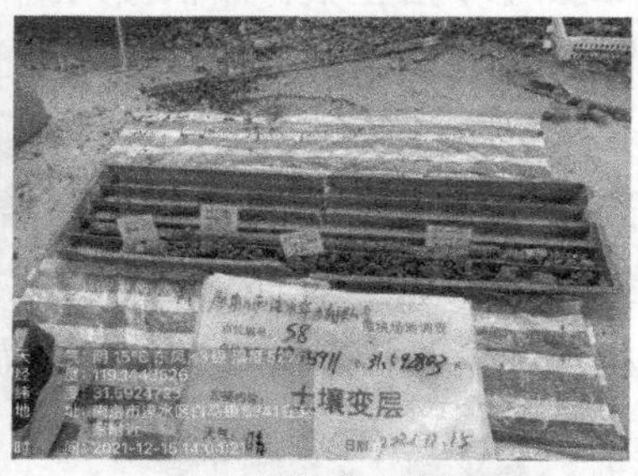

(b) 土柱样品（点位S6）

(c) 土柱样品（点位S7）

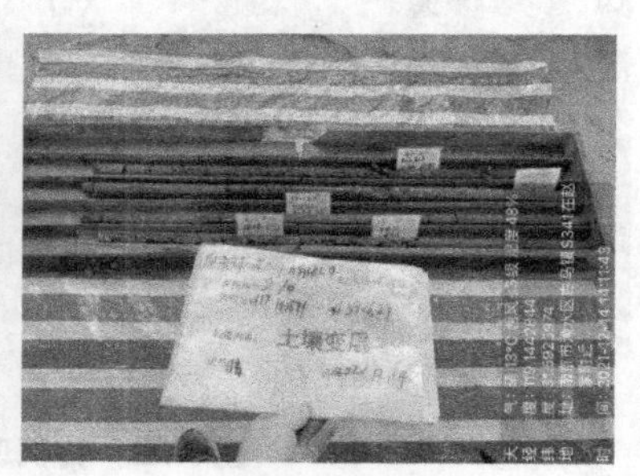

(d) 土柱样品（点位S8）

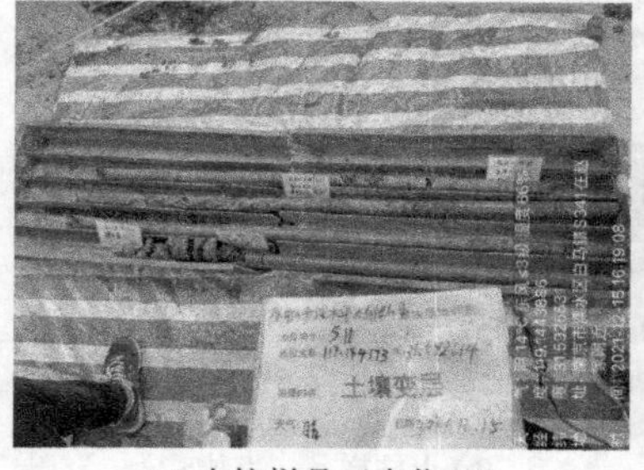

(e) 土柱样品（点位S9）

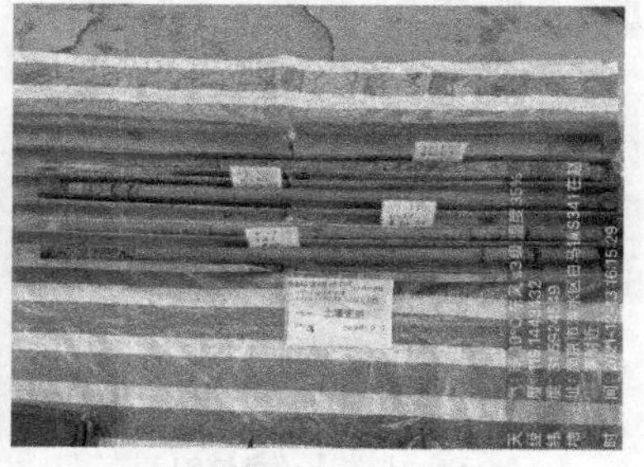

(f) 土柱样品（点位S10）

图 5-24　土柱样品(2)

对每个点位采集到的土柱样品，在取样前进行每一深度的土柱长度的测量，用于计算每管土壤的取芯率，并对总的土柱长度进行合计，不同点位的土壤样品组成及土柱长度信息见表 5-32。

表 5-32　不同点位的取样数据

点位	土层信息	层厚/m	管数	样品长度/m
S1	素填土：黄色，局部夹碎石、碎砖，软硬不均，为人工填土；地块普遍分布	0. 5	1	1. 22
	粉质黏土：灰色，夹薄层粉土，可塑～硬塑，隔水层	3. 1	2	1. 31
	强风化砂岩：灰褐色，岩芯呈半岩半土状，碎块状，砾石成分主要为石英砂岩	0. 3	3	1. 45
S2	素填土：黄色，局部夹碎石、碎砖，软硬不均，为人工填土；地块普遍分布	0. 4	1	1. 24
	粉质黏土：灰色，夹薄层粉土，可塑～硬塑，隔水层	2. 9	2	1. 36
	强风化砂岩：灰褐色，岩芯呈半岩半土状，碎块状，砾石成分主要为石英砂岩	0. 4	3	1. 42
S3	素填土：黄色，局部夹碎石、碎砖，软硬不均，为人工填土；地块普遍分布	0. 3	1	1. 26
	粉质黏土：灰色，夹薄层粉土，可塑～硬塑，隔水层	3. 2	2	1. 35
	强风化砂岩：灰褐色，岩芯呈半岩半土状，碎块状，砾石成分主要为石英砂岩	0. 4	3	1. 41
S4	素填土：黄色，局部夹碎石、碎砖，软硬不均，为人工填土；地块普遍分布	0. 6	1	1. 25
	粉质黏土：灰色，夹薄层粉土，可塑～硬塑，隔水层	2. 9	2	1. 37
	强风化砂岩：灰褐色，岩芯呈半岩半土状，碎块状，砾石成分主要为石英砂岩	0. 5	3	1. 44

续表

点位	土层信息	层厚/m	管数	样品长度/m
S5	素填土:黄色,局部夹碎石、碎砖,软硬不均,为人工填土;地块普遍分布	0.4	1	1.21
	粉质黏土:灰色,夹薄层粉土,可塑~硬塑,隔水层	2.7	2	1.37
	强风化砂岩:灰褐色,岩芯呈半岩半土状,碎块状,砾石成分主要为石英砂岩	0.6	3	1.35
S6	素填土:黄色,局部夹碎石、碎砖,软硬不均,为人工填土;地块普遍分布	0.6	1	1.24
	粉质黏土:灰色,夹薄层粉土,可塑~硬塑,隔水层	3.3	2	1.33
	强风化砂岩:灰褐色,岩芯呈半岩半土状,碎块状,砾石成分主要为石英砂岩	0.3	3	1.34
S7	素填土:黄色,局部夹碎石、碎砖,软硬不均,为人工填土;地块普遍分布	0.3	1	1.28
	粉质黏土:灰色,夹薄层粉土,可塑~硬塑,隔水层	3.1	2	1.41
	强风化砂岩:灰褐色,岩芯呈半岩半土状,碎块状,砾石成分主要为石英砂岩	0.5	3	1.35
S8	素填土:黄色,局部夹碎石、碎砖,软硬不均,为人工填土;地块普遍分布	0.5	1	1.26
	粉质黏土:灰色,夹薄层粉土,可塑~硬塑,隔水层	2.9	2	1.39
	强风化砂岩:灰褐色,岩芯呈半岩半土状,碎块状,砾石成分主要为石英砂岩	0.6	3	1.45
S9	素填土:黄色,局部夹碎石、碎砖,软硬不均,为人工填土;地块普遍分布	0.4	1	1.21
	粉质黏土:灰色,夹薄层粉土,可塑~硬塑,隔水层	2.8	2	1.32
	强风化砂岩:灰褐色,岩芯呈半岩半土状,碎块状,砾石成分主要为石英砂岩	0.3	3	1.35

续表

点位	土层信息	层厚/m	管数	样品长度/m
S10	素填土:黄色,局部夹碎石、碎砖,软硬不均,为人工填土;地块普遍分布	0.4	1	1.26
	粉质黏土:灰色,夹薄层粉土,可塑~硬塑,隔水层	3.2	2	1.31
	强风化砂岩:灰褐色,岩芯呈半岩半土状,碎块状,砾石成分主要为石英砂岩	0.4	3	1.39

对 10 个点位的验证采样结果进行统计分析,不同点位的取样率如表 5-33 所示。

表 5-33　不同点位的取样率

点位	采样深度/m	取芯率/%		
		1	2	3
S1	4.5(0.5)	81.33	87.33	96.67
S2	4.5(0.4)	82.67	90.67	94.67
S3	4.5(0.3)	84.00	90.00	94.00
S4	4.5(0.6)	83.33	91.33	96.00
S5	4.5(0.4)	80.67	91.33	90.00
S6	4.5(0.6)	82.67	88.67	89.33
S7	4.5(0.3)	85.33	94.00	90.00
S8	4.5(0.5)	84.00	92.67	96.67
S9	4.5(0.4)	80.67	88.00	90.00
S10	4.5(0.4)	84.00	87.33	92.67

注:括号内数值为每个采样点位杂填土层的厚度。

现场测试数据,将 10 个点位的每一管的指标均取平均值,得到相应取样深度的钻机性能参数值,如表 5-34 所示。

表 5-34　地层验证测试记录

深度/m	时间/h	声波频率/Hz	能耗/($L \cdot h^{-1}$)
0~1.5	0.6	86	7.2
1.5~3.0	0.5	65	8.5
3.0~4.5	0.7	72	10.4

5.3.4.4 案例分析与总结

经过计算,上述指标结果如表 5-35 所示。

表 5-35 样品采样量、平均取芯率、压缩比

钻进深度/m	采样量/(10^{-3} m^3)	平均取芯率/%	压缩比/%
0~1.5	2.64	82.87	17.13
1.5~3.0	2.87	90.13	9.07
3.0~4.5	2.96	93.00	7.00

根据场地的地质勘探资料,上层素填土主要为人工填土,部分区域含有碎石、碎砖等。由于素填土、碎石及碎砖土层的不可塑性,本次调查土壤样品的取芯率差异较大。第一管土壤样品的取芯率有所波动且相对于下层较低,其取芯率为 80.67%~85.33%。第二管及第三管所在的土层主要为粉质黏土层,最底下为强风化砂岩,土壤取芯率都保持在 87.33%~96.67%。

本次验证的 10 个点位取芯率均在 80%以上,虽然未能达到钻机不同地层取芯率≥95%的设计要求,但是对于坚硬地层而言,其采样量与取芯率已基本满足实际分析需求。同时,表层素填土虽然含有碎石、碎砖等,但厚度较薄,对钻探采样的影响较小。同时,对本次试验全过程进行分析,结合本地块的土壤物理性质,还得到如下结论:

① 适当提高声波振动频率可以增大钻机的钻进速度,但也可能使土壤颗粒结构变得松散,导致采样量和取芯率的降低。因此,在现场作业中需要针对这类地层合理调整动力头系统的声波频率,并适时增加岩芯捕集器作为辅助,从而保证取得较好的采样效果。

② 高频声波钻机主轴回转力的增大可以使钻头较快地切割土层,增大坚硬地层的钻进速度。因此,类似地层作业中可以考虑在提高声波频率的同时适当增加主轴的旋转。

5.3.5 某垃圾填埋场土壤污染状况调查

本次污染地块场地调查选取南京市某垃圾填埋场遗留地块作为对象,采用高频声波钻机及其配套的双壁式钻具进行污染地块钻探采样,对钻探有效性(钻进速度、能耗及钻探深度)、采样有效性(采样量和样品取芯率)、采样扰

动性(样品的密闭性和保真度)、采样稳定性(采样过程连续稳定运行效果)等钻探采样指标进行记录和分析,以充分验证其实际作业的钻探采样性能,为后续用于其他复杂地层条件的污染地块提供技术参考。

5.3.5.1　地层岩性与水文地质特征

该垃圾填埋场地块位于南京市某地一山间洼地内,北侧为荒地,西侧为绕城高速,南侧为山,东侧为山路。根据本地块岩土工程勘察报告,地块地层主要是杂填土、素填土、粉质黏土、碎石土、强风化岩、中风化岩(表5-36)。

表5-36　各地层构成与特征描述

层号	土质	分层土样特征描述	土层厚度/m
①	杂填土	灰褐等杂色,稍湿～湿,稍密,以黏性土混建筑垃圾、碎石等为主	1.5～7.4
①-A	素填土	灰黄等杂色,稍湿～湿,稍密,主要由粉质黏土组成,含植物根茎	0.7～9.3
②	粉质黏土	灰黄色,可塑,含有铁锰质氧化物,干强度韧性中等;局部分布	5.6～9.9
③	粉质黏土	灰～灰黄,硬塑,含有铁锰质氧化物,干强度韧性中等;局部分布	12.4
④	碎石土	色杂,主要由黏性土组成,混较多中粗砂状风化物,局部夹较多的风化岩块;局部分布	5.7～15.5
⑤-1	强风化泥质粉砂岩	紫红色,岩体中厚层构造,中细粒结构,岩体破碎,岩芯多呈块状、短柱状,局部夹中风化岩体碎块,属极软岩～软岩;场地北侧和西侧普遍分布	8.6～17.3
⑤-2	中风化泥质粉砂岩	紫红色,中厚层构造,中细粒结构,岩体较完整,岩芯多呈柱状,局部层段夹泥岩层或泥岩团块;场地北侧和西侧普遍分布	22.0
⑥-1	强风化粉砂岩	紫红色～灰白色,多呈短柱状,混少量风化碎石;属软岩;场地东南侧普遍分布	3.8～15.2
⑥-2	中风化粉砂岩	紫红色～灰白色,裂隙较发育,岩芯多呈短柱～柱状,少量长柱状;属较软～较硬岩;场地东南侧普遍分布	22.0

勘探深度内浅层地下水类型为孔隙潜水,赋存于①层杂填土中。地层垂直与水平渗透系数(透水性)见表5-37。

表 5-37　地层透水性

层号	土层名称	垂直渗透系数/（$cm \cdot s^{-1}$）	水平渗透系数/（$cm \cdot s^{-1}$）	渗透性评价
①	杂填土	1.0×10^{-3}	1.0×10^{-3}	中等透水
①-A	素填土	1.0×10^{-5}	1.0×10^{-5}	弱透水层
②	粉质黏土	2.45×10^{-6}	2.98×10^{-6}	微透水层
③	粉质黏土	8.79×10^{-7}	1.12×10^{-6}	微透水层
⑤-1	强风化泥质粉砂岩	1.0×10^{-4}		弱透水层
⑤-2	中风化泥质粉砂岩	8.0×10^{-7}		极微透水层
⑥-1	强风化粉砂岩	3.0×10^{-4}		弱透水层
⑥-2	中风化粉砂岩	8.0×10^{-7}		极微透水层

勘察期间测得稳定水位埋深为 0.50~5.90 m，稳定水位标高为 43.01~47.60 m。场地内浅层地下水位变化受大气降水和地表水影响明显，根据区域资料，场地浅层地下水水位变化幅度一般在 0.50~1.00 m。

本单位现场踏勘，地块南侧为轿子山，东侧为青龙山，两山之间峡谷地带地势相对较低。地下水总体流向为西北向东南，地下水流向与地形情况基本吻合。地下水流场如图 5-25 所示。

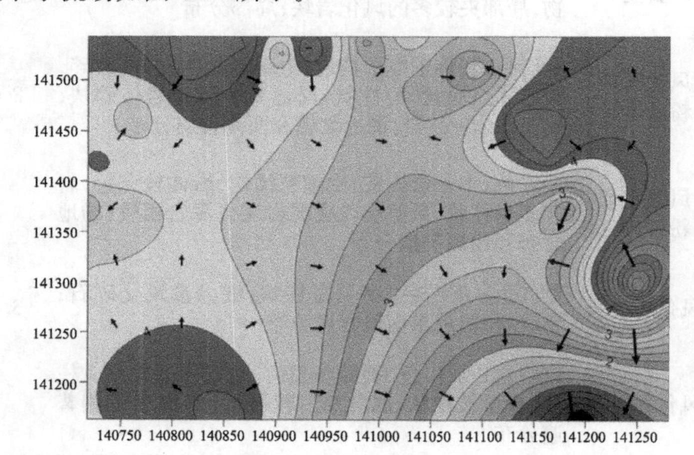

图 5-25　地下水流场

5.3.5.2　地块污染特征

根据收集的相关资料分析可知，调查地块历史生产活动主要为填埋垃圾，会产生渗滤液和填埋气。地块疑似污染物汞、铜、铅、镉、镍、砷、六价铬、铍、石油烃（C_{10}~C_{40}）、总铬、锌、钡、硒，主要通过大气沉降和渗漏进入土壤和地下水，从而造成土壤和地下水的污染。

本地块土孔剖面主要包括素填土、粉质黏土、碎石土、强风化砂岩和中风化砂岩；地下水主要为孔隙潜水，主要赋存于①层杂填土中。地块疑似污染物迁移至①层杂填土的可能性较高；②层粉质黏土为相对隔水层，污染物在②层粉质黏土上部积累的可能性较大。

5.3.5.3　钻探采样要求与结果

根据本地块岩土工程勘察报告并结合地块地勘调查资料分析可知，地块杂填土和素填土最浅深度为2.2 m，实际钻探过程中钻探深度应不低于2.2 m，应尽量钻探至②层粉质黏土顶部。因本次调查地块为填埋场，场地周边地势不一，按照保守型原则，将计划钻探深度设为6.0 m，实际钻探过程中若钻到碎石层或强风化泥质粉砂岩则停止钻探。本次调查共布设10个土壤点位，每根采样管长度为1.5 m，直径为52 mm。

土壤表层0~0.5 m采集一个土壤样品。0.5 m以下土壤样品采集遵循如下原则：0~6 m共采集9份小样，依据土壤情况及快筛结果判断送检样品；不同性质土层至少采集一个土壤样品；水位线附近50 cm范围内和地下水含水层中各采集一个土壤样品；同一性质土层厚度较大或出现明显污染痕迹时，根据实际情况在该层位增加采样点；每个点位至少送检3个样品；对所有点位每个层次样品均进行快速检测。

钻机现场采样现场作业状态及每个点位采集的土柱样品如图5-26~图5-28所示。

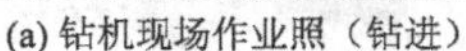

(a) 钻机现场作业照（钻进）　　(b) 钻机现场作业照（取样）

图5-26　钻机现场作业状态

(a) 土柱样品（点位S1）

(b) 土柱样品（点位S2）

(c) 土柱样品（点位S3）

(d) 土柱样品（点位S4）

图 5-27　土柱样品(1)

(a) 土柱样品（点位S5）

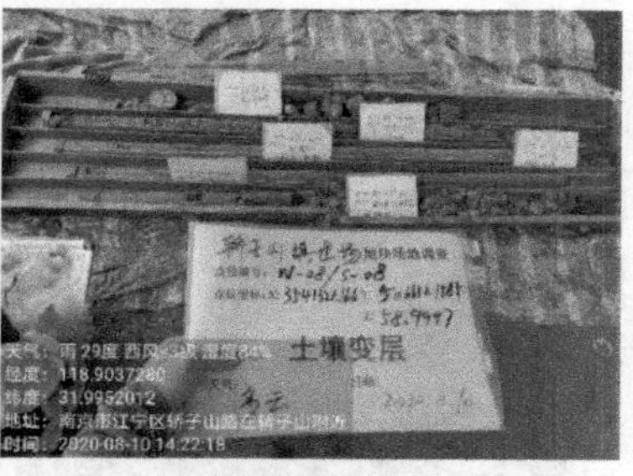

(b) 土柱样品（点位S6）

(c) 土柱样品（点位S7）

(d) 土柱样品（点位S8）

(e) 土柱样品（点位S9）

(f) 土柱样品（点位S10）

图 5-28　土柱样品(2)

对每个点位采集到的土柱样品,在取样前进行每一深度的土柱长度的测量,用于计算每管土壤的取芯率,并对总的土柱长度进行合计,不同点位的土壤样品组成及土柱长度信息见表 5-38。

表 5-38　不同点位的取样数据

点位	土层信息	层厚/m	管数	样品长度/m
S1	杂填土:灰褐等杂色,稍湿~湿,稍密,以黏性土混建筑垃圾、碎石等为主	0.3	1	1.29
	素填土:灰黄等杂色,稍湿~湿,稍密,主要由粉质黏土组成,含植物根茎	2.9	2	1.39
	粉质黏土:灰黄色,可塑,含有铁锰质氧化物,干强度韧性中等;局部分布	3.1	3	1.47
	粉质黏土:灰~灰黄,硬塑,含有铁锰质氧化物,干强度韧性中等;局部分布	2.6	4	1.46
S2	杂填土:灰褐等杂色,稍湿~湿,稍密,以黏性土混建筑垃圾、碎石等为主	0.6	1	1.21
	素填土:灰黄等杂色,稍湿~湿,稍密,主要由粉质黏土组成,含植物根茎	3.4	2	1.27
	粉质黏土:灰黄色,可塑,含有铁锰质氧化物,干强度韧性中等;局部分布	2.1	3	1.31
	粉质黏土:灰~灰黄,硬塑,含有铁锰质氧化物,干强度韧性中等;局部分布	1.3	4	1.38

续表

点位	土层信息	层厚/m	管数	样品长度/m
S3	杂填土:灰褐等杂色,稍湿~湿,稍密,以黏性土混建筑垃圾、碎石等为主	0.5	1	1.22
	素填土:灰黄等杂色,稍湿~湿,稍密,主要由粉质黏土组成,含植物根茎	3.1	2	1.36
	粉质黏土:灰黄色,可塑,含有铁锰质氧化物,干强度韧性中等;局部分布	2.4	3	1.34
	粉质黏土:灰~灰黄,硬塑,含有铁锰质氧化物,干强度韧性中等;局部分布	1.2	4	1.31
S4	杂填土:灰褐等杂色,稍湿~湿,稍密,以黏性土混建筑垃圾、碎石等为主	0.4	1	1.24
	素填土:灰黄等杂色,稍湿~湿,稍密,主要由粉质黏土组成,含植物根茎	2.3	2	1.45
	粉质黏土:灰黄色,可塑,含有铁锰质氧化物,干强度韧性中等;局部分布	3.7	3	1.47
	粉质黏土:灰~灰黄,硬塑,含有铁锰质氧化物,干强度韧性中等;局部分布	1.4	4	1.49
S5	杂填土:灰褐等杂色,稍湿~湿,稍密,以黏性土混建筑垃圾、碎石等为主	0.4	1	1.25
	素填土:灰黄等杂色,稍湿~湿,稍密,主要由粉质黏土组成,含植物根茎	2.1	2	1.39
	粉质黏土:灰黄色,可塑,含有铁锰质氧化物,干强度韧性中等;局部分布	3.9	3	1.50
	粉质黏土:灰~灰黄,硬塑,含有铁锰质氧化物,干强度韧性中等;局部分布	1.2	4	1.50
S6	杂填土:灰褐等杂色,稍湿~湿,稍密,以黏性土混建筑垃圾、碎石等为主	0.5	1	1.35
	素填土:灰黄等杂色,稍湿~湿,稍密,主要由粉质黏土组成,含植物根茎	2.4	2	1.37
	粉质黏土:灰黄色,可塑,含有铁锰质氧化物,干强度韧性中等;局部分布	3.1	3	1.42
	粉质黏土:灰~灰黄,硬塑,含有铁锰质氧化物,干强度韧性中等;局部分布	1.3	4	1.41

续表

点位	土层信息	层厚/m	管数	样品长度/m
S7	杂填土:灰褐等杂色,稍湿~湿,稍密,以黏性土混建筑垃圾、碎石等为主	0.6	1	1.22
	素填土:灰黄等杂色,稍湿~湿,稍密,主要由粉质黏土组成,含植物根茎	2.1	2	1.38
	粉质黏土:灰黄色,可塑,含有铁锰质氧化物,干强度韧性中等;局部分布	3.2	3	1.47
	粉质黏土:灰~灰黄,硬塑,含有铁锰质氧化物,干强度韧性中等;局部分布	1.4	4	1.50
S8	杂填土:灰褐等杂色,稍湿~湿,稍密,以黏性土混建筑垃圾、碎石等为主	0.7	1	1.19
	素填土:灰黄等杂色,稍湿~湿,稍密,主要由粉质黏土组成,含植物根茎	3.5	2	1.24
	粉质黏土:灰黄色,可塑,含有铁锰质氧化物,干强度韧性中等;局部分布	1.6	3	1.27
	粉质黏土:灰~灰黄,硬塑,含有铁锰质氧化物,干强度韧性中等;局部分布	1.3	4	1.24
S9	杂填土:灰褐等杂色,稍湿~湿,稍密,以黏性土混建筑垃圾、碎石等为主	0.7	1	1.12
	素填土:灰黄等杂色,稍湿~湿,稍密,主要由粉质黏土组成,含植物根茎	3.1	2	1.24
	粉质黏土:灰黄色,可塑,含有铁锰质氧化物,干强度韧性中等;局部分布	1.7	3	1.21
	粉质黏土:灰~灰黄,硬塑,含有铁锰质氧化物,干强度韧性中等;局部分布	1.2	4	1.28
S10	杂填土:灰褐等杂色,稍湿~湿,稍密,以黏性土混建筑垃圾、碎石等为主	0.3	1	1.36
	素填土:灰黄等杂色,稍湿~湿,稍密,主要由粉质黏土组成,含植物根茎	2.1	2	1.44
	粉质黏土:灰黄色,可塑,含有铁锰质氧化物,干强度韧性中等;局部分布	3.4	3	1.47
	粉质黏土:灰~灰黄,硬塑,含有铁锰质氧化物,干强度韧性中等;局部分布	1.2	4	1.50

对10个点位的验证采样结果进行统计分析,不同点位的取样率如表5-39所示。

表5-39　不同点位的取样率

点位	采样深度/m	取芯率/%			
		1	2	3	4
S1	6(0.3)	86.00	92.67	98.00	97.33
S2	6(0.6)	80.67	84.67	87.33	92.00
S3	6(0.5)	81.33	90.67	89.33	87.33
S4	6(0.4)	82.67	96.67	98.00	99.33
S5	6(0.4)	83.33	92.67	100.00	100.00
S6	6(0.5)	90.00	91.33	94.67	94.00
S7	6(0.6)	81.33	92.00	98.00	100.00
S8	6(0.7)	79.33	82.67	84.67	82.67
S9	6(0.7)	74.67	82.67	80.67	85.33
S10	6(0.3)	90.67	96.00	98.00	100.00

注:括号内数值为每个采样点位杂填土层的厚度。

现场测试数据,将10个点位的每一管的指标均取平均值,得到相应取样深度的钻机性能参数值,如表5-40所示。

表5-40　验证测试记录

深度/m	时间/h	声波频率/Hz	能耗/($L \cdot h^{-1}$)
0~1.5	0.6	74	6.7
1.5~3.0	0.5	51	7.5
3.0~4.5	0.6	63	8.2
4.5~6.0	0.8	82	9.1

5.3.5.4　案例分析与总结

经过计算,上述指标结果如表5-41所示。

表5-41 样品采样量、平均取芯率、压缩比

钻进深度/m	采样量/(10^{-3} m^3)	平均取芯率/%	压缩比/%
0~1.5	2.64	83.00	17.00
1.5~3.0	2.87	90.20	9.80
3.0~4.5	2.95	92.87	7.13
4.5~6.0	2.98	93.80	6.20

由于杂填土层的不可塑性,本次验证的土壤样品第一管的取芯率有所波动且相对于下层较低,其取芯率为74.67%~90.67%;第二管至第四管所在土层主要为富水的粉质黏土层,第二管的取芯率为82.67%~96.67%,第三管的取芯率为80.67%~100%,第四管的取芯率为82.67%~100%。本次土壤污染状况调查的10个点位中,土壤表层含有杂填土导致取芯率较低(最低74.67%),第二管至第四管部分点位取芯率较低(最低82.67%)。所有点位的采样量完全满足实际分析需求。同时,对本次试验全过程进行分析,还得到如下结论:

① 地块表层的杂填土以黏性土混建筑垃圾、碎石等为主,此类物质无法被有效压缩,但是由于其含量有限且该层土壤含水率较高,因此对土壤样品取芯率的影响相应变得较小。

② 地块下层以粉质黏土为主,虽然含有铁锰质氧化物等难以压缩的物质,但由于其含水率较高,故取芯率也较为可观。

5.3.6 某化工园区地下水污染状况调查

本次污染地块场地调查选取江苏省盐城市某大型化工园区地下水调查作为对象,采用高频声波钻机及其配套的双壁式钻具进行污染地块钻探采样,对钻探有效性(钻进速度、能耗及钻探深度)、采样有效性(采样量和样品取芯率)、采样扰动性(样品的密闭性和保真度)、采样稳定性(采样过程连续稳定运行效果)等钻探采样指标进行记录和分析,以充分验证其实际作业的钻探采样性能,为后续用于其他复杂地层条件的污染地块提供技术参考。

5.3.6.1 园区地层岩性及水文地质特征

该大型化工园区位于滨海县境内某地,西至中山河,南至北干渠,东至陈李线,北至宋公堤。该园区地块岩土工程勘察报告显示,地块地层主要是素

填土、黏土、粉质黏土(表5-42)。

表5-42　各地层构成与特征描述

层号	土质	分层土样特征描述	土层厚度/m
①	素填土	黄色,稍湿~湿,稍密,以粉土、黏性土为主	0.6~1.7
②	黏土	灰黄色,可塑~软塑,干强度韧性中等,弱透水性。普遍分布	1.6~8.4
③	粉质黏土	黄褐色,流塑状态,高压缩性,微透水性。地块普遍分布	3.1~7.5

勘察期间测得稳定水位埋深为0.70~4.30 m。场地内浅层地下水位变化受大气降水和地表水影响明显,根据区域资料显示,场地浅层地下水水位变化幅度一般在0.40~1.20 m。

5.3.6.2　园区污染特征

根据收集的相关资料分析可知,调查地块现有各类化工企业30多家,涵盖仓储物流、海洋医药、新材料化工、生物化工及盐化工、化工机械等二类工业,包括精细化工、医药化工、染料、医药、农药等“三类”中间体项目。地块污染物种类复杂,主要有吡啶及衍生物、盐酸、氨水、硫酸、次氯酸钠溶液、氢氧化钠、次氯酸钠溶液、三氯化铝溶液、氨氮、甲基苯、二氯甲烷、环己胺、苯胺等。上述污染物主要通过大气沉降和渗漏进入土壤和地下水,造成土壤和地下水的污染,其与土壤接触会降低土壤透水性,破坏土壤结构。

5.3.6.3　钻探采样要求与结果

根据本地块岩土工程勘察报告并结合地块地勘调查资料分析,将计划钻探深度设为6.0 m。本次调查共布设10个土壤点位,每根采样管长度为1.5 m,直径为52 mm。

土壤表层0~0.5 m采集一个土壤样品。0.5 m以下土壤样品采集遵循如下原则:0~6 m共采集9份小样,依据土壤情况及快筛结果判断送检样品;不同性质土层至少采集一个土壤样品;水位线附近50 cm范围内和地下水含水层中各采集一个土壤样品;同一性质土层厚度较大或出现明显污染痕迹时,根据实际情况在该层位增加采样点;每个点位至少送检3个样品;对所有点位每个层次样品均进行快速检测。

钻机现场采样现场作业状态及每个点位采集的土柱样品如图5-29~图5-31所示。

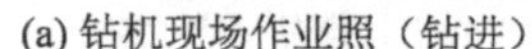

(a) 钻机现场作业照（钻进）

(b) 钻机现场作业照（取样）

图 5-29　钻机现场作业状态

(a) 土柱样品（点位S1）

(b) 土柱样品（点位S2）

(c) 土柱样品（点位S3）

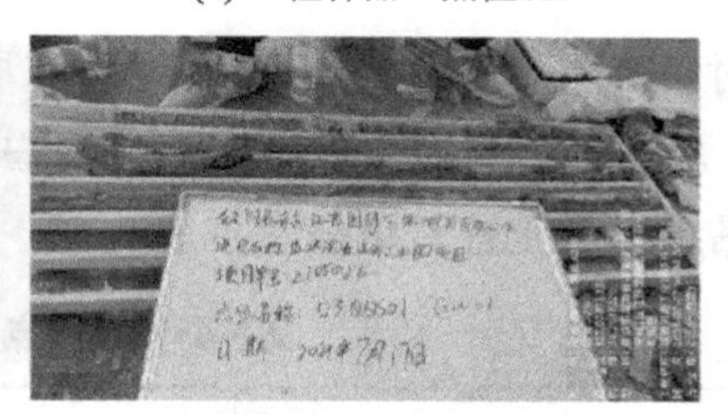

(d) 土柱样品（点位S4）

图 5-30　土柱样品(1)

(a) 土柱样品（点位S5）

(b) 土柱样品（点位S6）

(c) 土柱样品（点位S7）

(d) 土柱样品（点位S8）

(e) 土柱样品（点位S9）

(f) 土柱样品（点位S10）

图 5-31　土柱样品(2)

对每个点位采集到的土柱样品,在取样前进行每一深度的土柱长度的测量,用于计算每管土壤的取芯率,并对总的土柱长度进行合计,不同点位的土壤样品组成及土柱长度信息见表 5-43。

表 5-43　不同点位的取样数据

点位	土层信息	层厚/m	管数	样品长度/m
S1	素填土:黄色,稍湿~湿,稍密,以粉土、黏性土为主	0.6	1	1.21
	黏土:灰黄色,可塑~软塑,干强度韧性中等,弱透水性;普遍分布	4.9	2	1.37
	粉质黏土:黄褐色,流塑状态,高压缩性,微透水性;地块普遍分布	3.1	3	1.44
			4	1.50

续表

点位	土层信息	层厚/m	管数	样品长度/m
S2	素填土:黄色,稍湿~湿,稍密,以粉土、黏性土为主	0.4	1	1.15
	黏土:灰黄色,可塑~软塑,干强度韧性中等,弱透水性;普遍分布	4.4	2	1.35
	粉质黏土:黄褐色,流塑状态,高压缩性,微透水性;地块普遍分布	3.6	3	1.46
			4	1.50
S3	素填土:黄色,稍湿~湿,稍密,以粉土、黏性土为主	0.5	1	1.26
	黏土:灰黄色,可塑~软塑,干强度韧性中等,弱透水性;普遍分布	4.1	2	1.39
	粉质黏土:黄褐色,流塑状态,高压缩性,微透水性;地块普遍分布	3.4	3	1.44
			4	1.50
S4	素填土:黄色,稍湿~湿,稍密,以粉土、黏性土为主	0.6	1	1.20
	黏土:灰黄色,可塑~软塑,干强度韧性中等,弱透水性;普遍分布	4.3	2	1.35
	粉质黏土:黄褐色,流塑状态,高压缩性,微透水性;地块普遍分布	3.7	3	1.46
			4	1.49
S5	素填土:黄色,稍湿~湿,稍密,以粉土、黏性土为主	0.7	1	1.15
	黏土:灰黄色,可塑~软塑,干强度韧性中等,弱透水性;普遍分布	4.8	2	1.39
	粉质黏土:黄褐色,流塑状态,高压缩性,微透水性;地块普遍分布	3.9	3	1.50
			4	1.50
S6	素填土:黄色,稍湿~湿,稍密,以粉土、黏性土为主	0.4	1	1.23
	黏土:灰黄色,可塑~软塑,干强度韧性中等,弱透水性;普遍分布	4.9	2	1.37
	粉质黏土:黄褐色,流塑状态,高压缩性,微透水性;地块普遍分布	3.1	3	1.42
			4	1.41

续表

点位	土层信息	层厚/m	管数	样品长度/m
S7	素填土：黄色，稍湿～湿，稍密，以粉土、黏性土为主	0.6	1	1.32
	黏土：灰黄色，可塑～软塑，干强度韧性中等，弱透水性；普遍分布	5.5	2	1.50
	粉质黏土：黄褐色，流塑状态，高压缩性，微透水性；地块普遍分布	3.4	3	1.50
			4	1.50
S8	素填土：黄色，稍湿～湿，稍密，以粉土、黏性土为主	0.5	1	1.19
	黏土：灰黄色，可塑～软塑，干强度韧性中等，弱透水性；普遍分布	4.5	2	1.26
	粉质黏土：黄褐色，流塑状态，高压缩性，微透水性；地块普遍分布	2.6	3	1.47
			4	1.50
S9	素填土：黄色，稍湿～湿，稍密，以粉土、黏性土为主	0.7	1	1.12
	黏土：灰黄色，可塑～软塑，干强度韧性中等，弱透水性；普遍分布	5.1	2	1.28
	粉质黏土：黄褐色，流塑状态，高压缩性，微透水性；地块普遍分布	2.7	3	1.48
			4	1.50
S10	素填土：黄色，稍湿～湿，稍密，以粉土、黏性土为主	0.6	1	1.36
	黏土：灰黄色，可塑～软塑，干强度韧性中等，弱透水性；普遍分布	5.3	2	1.48
	粉质黏土：黄褐色，流塑状态，高压缩性，微透水性；地块普遍分布	3.4	3	1.50
			4	1.50

对 10 个点位的验证采样结果进行统计分析，不同点位的取样率如表 5-44 所示。

表 5-44　不同点位的取样率

点位	采样深度/m	取芯率/%			
		1	2	3	4
S1	6(0.6)	80.67	91.33	96.00	100.00
S2	6(0.4)	76.67	90.00	97.33	100.00
S3	6(0.5)	84.00	92.67	96.00	100.00
S4	6(0.6)	80.00	90.00	97.33	99.33
S5	6(0.7)	76.67	92.67	100.00	100.00
S6	6(0.4)	82.00	91.33	94.67	94.00
S7	6(0.6)	88.00	100.00	100.00	100.00
S8	6(0.5)	79.33	84.00	98.00	100.00
S9	6(0.7)	74.67	85.33	98.67	100.00
S10	6(0.6)	90.67	98.67	100.00	100.00

注:括号内数值为每个采样点位杂填土层的厚度。

现场测试数据,将 10 个点位的每一管的指标均取平均值,得到相应取样深度的钻机性能参数值,如表 5-45 所示。

表 5-45　验证测试记录

深度/m	时间/h	声波频率/Hz	能耗/(L·h^{-1})
0~1.5	0.5	56	7.7
1.5~3.0	0.4	51	7.8
3.0~4.5	0.6	67	8.2
4.5~6.0	0.8	79	9.8

5.3.6.4　案例分析与总结

经过计算,上述指标结果如表 5-46 所示。

表 5-46　样品采样量、平均取芯率、压缩比

钻进深度/m	采样量/(10^{-3} m^3)	平均取芯率/%	压缩比/%
0~1.5	2.58	81.27	18.73
1.5~3.0	2.91	91.60	8.40

续表

钻进深度/m	采样量/(10^{-3} m^3)	平均取芯率/%	压缩比/%
3.0~4.5	3.11	97.80	2.20
4.5~6.0	3.16	99.33	0.67

由于填土层的不可塑性,本次验证的土壤样品第一管的取芯率有所波动且相对于下层较低,其取芯率为74.67%~90.67%;第二管至第四管所在土层主要为富水的黏土、粉质黏土层,第二管的取芯率为84%~100%,第三管的取芯率为94.67%~100%,第四管的取芯率为94%~100%。本次土壤污染状况调查的10个点位中,土壤表层含有填土导致取芯率较低(最低74.67%),第二管至第四管部分点位取芯率较低(最低84%)。所有点位的采样量完全满足实际分析需求。同时,对本次试验全过程进行分析,还得到如下结论:

① 富水性较好的粉土、粉质黏土及黏土层,其取芯率与土壤含水率存在一定的正相关性。因此,在实际钻探作业中可以考虑尽量选择含水率适中的地点进行钻孔取样,以提高土样的保真度。

② 在相对松软地层,钻机的钻探动力主要以液压系统的下压力为主,为了尽可能地提高钻进效率,需要合理调整钻机发动机的功率输出方式(以液压系统输出为主)。

5.3.7 某地市地下水污染状况调查

本次污染地块场地调查工作选取江苏省某市地下水调查作为对象,采用高频声波钻机及其配套的双壁式钻具进行污染地块钻探采样试验,对钻探有效性(钻进速度、能耗及钻探深度)、采样有效性(采样量和样品取芯率)、采样扰动性(样品的密闭性和保真度)、采样稳定性(采样过程连续稳定运行效果)等钻探采样指标进行记录和分析,以充分验证其实际作业的钻探采样性能,为后续用于其他复杂地层条件的污染地块提供技术参考。

5.3.7.1 典型企业地层岩性与水文地质特征

本次地下水污染防治分区划分项目工作范围为全市市区行政区域,具体包括该市行政范围内地下水污染防治分区相关的集中式地下水型饮用水源和地下水污染源(包括工业污染源、矿山、危险废物处置场、垃圾填埋场、加油站、农业污染源、高尔夫球场、地表污水等)、国家地下水环境质量考核点位及周边浅层地下水、区域水文地质条件、地下水使用功能、浅层地下水污染现状等。

根据区划范围内部分地块地勘报告，表层一般为素填土，其下依次为粉土、粉质黏土、黏土；在上述报告勘察深度范围内，调查地块土层可分为 4 个工程地质层，自上而下依次为①层素填土、②层粉土、③层粉质黏土、④层黏土。详细数据见表 5-47。

表 5-47　各地层构成与特征描述

层号	土质	分层土样特征描述	层厚/m
①	素填土	灰黄色，粉土杂粉质黏土等；普遍分布	0.7~1.6
②	粉土	棕黄色，中密，甲薄层可塑状，中压缩性，弱透水性；普遍分布	1.4~2.9
③	粉质黏土	青灰色，可塑，高压缩性，微透水性；普遍分布	1.9~5.4
④	黏土	黄褐色，硬塑，中压缩性，微透水性；普遍分布	2.4~10.1

该市（市区）孔隙潜水含水层在区内广泛分布，岩性为第四系全新统灰色、黄褐色粉质黏土、粉土，单井涌水量一般小于 50 m^3/d。水位埋深一般在 1.0~2.0 m，接受大气降水和地表水体补给，其动态受大气降雨影响较大，年变幅约 1.0 m，为区内民井开采层位。

5.3.7.2　区域污染特征

地下水埋深是影响地下水脆弱性最重要的因子之一，埋深的大小直接决定污染物达到含水层之前迁移的深度以及与周围介质的接触时间。绝大多数情况下，地下水埋深越大，污染物达到水面迁移的深度越大，与介质接触的时间更长，污染物在迁移过程中被稀释以及被吸附的可能性越大，污染物中含有的有害元素被氧化的可能性越大，地下水受到污染的可能性就越小，即地下水的脆弱性越小，反之亦然。该区划范围内涉及的污染物检测指标包括氨氮、硝氮、亚硝氮、二氯甲烷、三氯甲烷、三氯乙烯、四氯乙烯、甲醛、石油烃（C_{10}~C_{40}）、镉、汞、六价铬、铅、砷、挥发酚等。

5.3.7.3　钻探采样要求与结果

钻孔需同时满足水位埋深、土壤介质调查、包气带介质调查、含水层厚度调查等要求，由于该市（市区）水文地质条件的特殊性，全区地下水位埋深小于 2 m，地表土壤层薄或者缺失，且与包气带介质较难区分，尤其是城市建成区地表土壤层缺失，因此各钻孔钻探深度暂定 6 m。钻孔钻探深度原则上至潜水含水层底板位置或基岩层，现场根据实际情况调整，避免打穿潜水含水层底板。

本次调查共布设 10 个土壤点位，每根采样管长度为 1.5 m，直径为 52 mm。

土壤表层 0~0.5 m 采集一个土壤样品。0.5 m 以下土壤样品采集遵循如下原则：0~6 m 共采集 9 份小样，依据土壤情况及快筛结果判断送检样品；不同性质土层至少采集一个土壤样品；水位线附近 50 cm 范围内和地下水含水层中各采集一个土壤样品；同一性质土层厚度较大或出现明显污染痕迹时，根据实际情况在该层位增加采样点；每个点位至少送检 3 个样品；对所有点位每个层次样品均进行快速检测。

钻机现场采样现场作业状态及每个点位采集的土柱样品如图 5-32~图 5-34 所示。

(a) 钻机现场作业照（钻进）

(b) 钻机现场作业照（取样）

图 5-32　钻机现场作业状态

(a) 土柱样品（点位S1）

(b) 土柱样品（点位S2）

(c) 土柱样品（点位S3）

(d) 土柱样品（点位S4）

图 5-33　土柱样品(1)

(a) 土柱样品（点位S5）

(b) 土柱样品（点位S6）

(b) 土柱样品（点位S7）

(c) 土柱样品（点位S8）

(e) 土柱样品（点位S9）

(f) 土柱样品（点位S10）

图 5-34　土柱样品(2)

对每个点位采集到的土柱样品,在取样前进行每一深度的土柱长度的测量,用于计算每管土壤的取芯率,并对总的土柱长度进行合计,不同点位的土壤样品组成及土柱长度信息见表 5-48。

表 5-48　不同点位的取样数据

点位	土层信息	层厚/m	管数	样品长度/m
S1	素填土:灰黄色,粉土杂粉质黏土等;普遍分布	0.4	1	1.24
	粉土:棕黄色,中密,甲薄层可塑状,中压缩性,弱透水性,普遍分布	2.2	2	1.31
	粉质黏土:青灰色,可塑,高压缩性,微透水性;普遍分布	3.9	3	1.42
	黏土:黄褐色,硬塑,中压缩性,微透水性;普遍分布	2.6	4	1.46
S2	素填土:灰黄色,粉土杂粉质黏土等;普遍分布	0.6	1	1.18
	粉土:棕黄色,中密,甲薄层可塑状,中压缩性,弱透水性;普遍分布	2.4	2	1.29
	粉质黏土:青灰色,可塑,高压缩性,微透水性;普遍分布	3.4	3	1.41
	黏土:黄褐色,硬塑,中压缩性,微透水性;普遍分布	2.3	4	1.50
S3	素填土:灰黄色,粉土杂粉质黏土等;普遍分布	0.7	1	1.12
	粉土:棕黄色,中密,甲薄层可塑状,中压缩性,弱透水性;普遍分布	2.6	2	1.26
	粉质黏土:青灰色,可塑,高压缩性,微透水性;普遍分布	3.4	3	1.44
	黏土:黄褐色,硬塑,中压缩性,微透水性;普遍分布	2.5	4	1.48
S4	素填土:灰黄色,粉土杂粉质黏土等;普遍分布	0.5	1	1.36
	粉土:棕黄色,中密,甲薄层可塑状,中压缩性,弱透水性;普遍分布	2.1	2	1.45
	粉质黏土:青灰色,可塑,高压缩性,微透水性;普遍分布	3.7	3	1.47
	黏土:黄褐色,硬塑,中压缩性,微透水性;普遍分布	2.4	4	1.48

续表

点位	土层信息	层厚/m	管数	样品长度/m
S5	素填土:灰黄色,粉土杂粉质黏土等;普遍分布	0.6	1	1.21
	粉土:棕黄色,中密,甲薄层可塑状,中压缩性,弱透水性;普遍分布	2.1	2	1.34
	粉质黏土:青灰色,可塑,高压缩性,微透水性;普遍分布	3.5	3	1.45
	黏土:黄褐色,硬塑,中压缩性,微透水性;普遍分布	2.2	4	1.44
S6	素填土:灰黄色,粉土杂粉质黏土等;普遍分布	0.6	1	1.23
	粉土:棕黄色,中密,甲薄层可塑状,中压缩性,弱透水性;普遍分布	2.1	2	1.47
	粉质黏土:青灰色,可塑,高压缩性,微透水性;普遍分布	3.6	3	1.32
	黏土:黄褐色,硬塑,中压缩性,微透水性;普遍分布	2.2	4	1.48
S7	素填土:灰黄色,粉土杂粉质黏土等;普遍分布	0.6	1	1.22
	粉土:棕黄色,中密,甲薄层可塑状,中压缩性,弱透水性;普遍分布	2.1	2	1.20
	粉质黏土:青灰色,可塑,高压缩性,微透水性;普遍分布	3.6	3	1.39
	黏土:黄褐色,硬塑,中压缩性,微透水性;普遍分布	2.4	4	1.38
S8	素填土:灰黄色,粉土杂粉质黏土等;普遍分布	0.7	1	1.36
	粉土:棕黄色,中密,甲薄层可塑状,中压缩性,弱透水性;普遍分布	2.5	2	1.32
	粉质黏土:青灰色,可塑,高压缩性,微透水性;普遍分布	3.6	3	1.47
	黏土:黄褐色,硬塑,中压缩性,微透水性;普遍分布	2.3	4	1.48

续表

点位	土层信息	层厚/m	管数	样品长度/m
S9	素填土:灰黄色,粉土杂粉质黏土等;普遍分布	0.6	1	1.18
	粉土:棕黄色,中密,甲薄层可塑状,中压缩性,弱透水性;普遍分布	2.1	2	1.26
	粉质黏土:青灰色,可塑,高压缩性,微透水性;普遍分布	3.7	3	1.48
	黏土:黄褐色,硬塑,中压缩性,微透水性;普遍分布	2.4	4	1.49
S10	素填土:灰黄色,粉土杂粉质黏土等;普遍分布	0.5	1	1.38
	粉土:棕黄色,中密,甲薄层可塑状,中压缩性,弱透水性;普遍分布	2.4	2	1.41
	粉质黏土:青灰色,可塑,高压缩性,微透水性;普遍分布	3.7	3	1.44
	黏土:黄褐色,硬塑,中压缩性,微透水性;普遍分布	2.2	4	1.50

对10个点位的验证采样结果进行统计分析,不同点位的取样率如表5-49所示。

表5-49 不同点位的取样率

点位	采样深度/m	取芯率/%			
		1	2	3	4
S1	6(0.4)	82.67	87.33	94.67	97.33
S2	6(0.6)	78.67	86.00	94.00	100.00
S3	6(0.7)	74.67	84.00	96.00	98.67
S4	6(0.5)	90.67	96.67	98.00	98.67
S5	6(0.6)	80.67	89.33	96.67	96.00
S6	6(0.6)	82.00	98.00	88.00	98.67
S7	6(0.6)	81.33	80.00	92.67	92.00
S8	6(0.7)	90.67	88.00	98.00	98.67
S9	6(0.6)	78.67	84.00	98.67	99.33
S10	6(0.5)	92.00	94.00	96.00	100.00

注:括号内数值为每个采样点位杂填土层的厚度。

现场测试数据，将10个点位的每一管的指标均取平均值，得到相应取样深度的钻机性能参数值，如表5-50所示。

表5-50　验证测试记录

深度/m	时间/h	声波频率/Hz	能耗/($L \cdot h^{-1}$)
0~1.5	0.4	51	7.3
1.5~3.0	0.5	59	7.8
3.0~4.5	0.6	64	8.4
4.5~6.0	0.7	77	9.2

5.3.7.4　案例分析与总结

经过计算，上述指标结果如表5-51所示。

表5-51　样品采样量、平均取芯率、压缩比

钻进深度/m	采样量/(10^{-3} m^3)	平均取芯率/%	压缩比/%
0~1.5	2.65	83.20	16.80
1.5~3.0	2.82	88.73	11.27
3.0~4.5	3.03	95.27	4.73
4.5~6.0	3.11	97.93	2.07

由于填土层的不可塑性，本次验证的土壤样品第一管的取芯率有所波动且相对于下层较低，其取芯率为74.67%~92.00%；第二管至第四管所在土层主要为富水的粉土、黏土、粉质黏土层，第二管的取芯率为80%~98%，第三管的取芯率为88%~98.67%，第四管的取芯率为92%~100%。本次土壤污染状况调查的10个点位中，土壤表层含有填土导致取芯率较低（最低74.67%），第二管至第四管部分点位取芯率较低（最低80%）。所有点位的采样量完全满足实际分析需求。同时，对本次试验全过程进行分析，还得到如下结论：

① 富水性较好的粉土、粉质黏土及黏土层，其取芯率与土壤含水率存在正相关性，但是超过一定限度后则会导致取芯率迅速下降（土壤样品无法保留而流失）。因此，需要根据实际情况合理调整钻探深度并及时配备岩芯捕集器等辅助装置，以保证采样量与取芯率。

② 在相对松软地层，钻机的钻探动力主要以液压系统的下压力为主，为了尽可能地提高钻进效率，需要合理调整钻机发动机的功率输出方式（以液压系统输出为主）；同时，为了避免声波动力头系统高速振动导致土壤样品流失，需要适时降低其振动频率甚至予以关闭。

第6章 <<<

高频声波钻进技术与设备的发展趋势与前景

6.1 高频声波钻进技术与设备的发展趋势

6.1.1 技术升级与设备智能化

技术升级主要包括技术创新和技术创新管理，两者相辅相成，缺一不可。技术创新是指企业应用创新的知识和新技术、新工艺，采用新的生产方式和经营管理模式，提高产品质量，开发生产新的产品，提供新的服务，占据市场并实现市场价值。技术创新的主要途径有：① 加大科研与开发投入，提高自我创新能力，建立有自主产权的核心技术优势；② 积极探索产、学、研联合新机制，为科技成果转化为生产力打下坚实的基础；③ 引进高层次的技术，并对引进技术进行消化、吸收和创新；④ 加强企业内部员工培训和人才培养，使技术层次的创新成果在生产经营过程中不断被刷新。

技术创新管理是一种基于创新基础的企业技术管理方法，是一个用新知识、新技术、新工艺、新的生产和管理模式将产品转化成顾客满意的产品、占据市场并实现经济效益的管理过程，是企业对创新活动进行筹划、实施、激励和控制，让最新的知识快速地转化为现实的生产力，实现企业技术进步和经济效益提高的一系列有机活动。企业的一切活动都离不开管理，企业技术创新管理就是研究如何更好地利用企业资源，将技术创新活动融入企业生产的每一个环节，共存共生，使之成为企业生存不可或缺的要素之一。

设备智能化是声波钻机研制的重点和未来发展的方向，具体可以分为钻机主体系统的智能化与配套钻具系统的智能化。钻机主体可通过语音识别实现人机交互功能；利用计算机技术、检测技术、在线诊断技术，实现设备相关技术参数自动监控功能；采用互联网和大数据分析，实现故障智能预警和设备自我修复功能；采用清洁制造和模块化设计，所有组件都可直接更换和升级;钻机与动力系统采用模块化的组,可以装在各种运载工具(卡车、运输船、直升机)上,方便随时组装和作业。配套钻具系统开发并配备自动装卸系统,有效替代人工装卸,提升装卸准确率和效率;钻具与各种类型的敏感传感器和数据采集器组合搭配,可以实时监测土壤与地下水部分指标的变化。

6.1.2 应用领域拓展与规模扩张

目前,声波钻进技术在环境调查、岩土工程勘察、矿产勘探、水文水井钻探及岩土工程施工等领域获得了一定的应用,然而想要其产业规模继续发展壮大,必须将其推广应用到更多的相关领域。声波钻进技术及设备具有巨大潜力并已实现初步应用的领域还包括:① 地下管线铺设工程,利用定向钻进技术施工穿越建筑物、道路、江湖等障碍物的非开挖地下管线铺设工程;② 国防工程,建设导弹发射井,钻取地下核试验取样孔等;③ 地球科学研究,对大陆及海洋的科学钻探,获取地球科学研究的第一手资料;④ 环境科学研究,钻采地下不扰动原状岩土样品,研究大陆古气候及古环境、沉积物时代、沉积环境的变化规律及环境污染程度,为国家经济区划提供决策依据;⑤ 考古科学钻探,利用钻探取样技术了解地下遗址堆积分布范围、厚度、大型建筑基址、大型墓葬和古城的形状和布局等。

由于声波钻进技术具有钻探时对岩土层干扰小、环境友好性强、施工安全性高的优点,部分研究者尝试以声波钻探的钻具系统为载体,搭配各种探测元件、敏感传感器和数据采集器等,实时、动态地获取相应数据,以实现其科学研究的目的。另外,声波钻机不仅可以获取岩土层的样品与资料,还可以作为稳定的载体携带、传递特定的资料,例如环境修复产业中的药物注射、岩土工程中的物探信号发射器、江河湖底泥沙生态环境改造等。

根据前瞻产业研究院的研究报告显示,2018—2023 年我国土壤修复市场产业规模达到 2500 亿~3000 亿元,除工业场地调查外,矿山、油田、勘察和修复项目的采样需求巨大。与此同时,钻探设备供给,尤其是高端钻探采样设备的供给却极为不足。在强大的钻探采样设备需求的助推下,以高频声波钻进技术与设备为典型代表的高端钻探技术与设备迎来了发展的黄金期,国内厂商不断引进国外成熟的先进技术与设备,也投入了大量的人力和物力进行自主研发。凭借钻探效率高、采样精确性好、钻进速度快等优点,高频声波钻机在环境调查、岩土工程勘察、矿产勘探、水文水井钻探及岩土工程施工等领域的应用规模不断扩大，未来也将进一步扩大和巩固该领域的钻探地位。

6.2 技术与设备的规范化、标准化

6.2.1 高频声波钻进技术与设备相关标准制定

国际标准组织美国材料实验协会（ASTM）在 *Standard Guide for Direct Push Soil Sampling for Environmental Site Characterizations*（D6286M-20）中提到了声波式钻进技术，认为其是环境调查中弱扰动土壤采样的关键技术。国内高频声波钻进技术相关的技术导则和技术规定对非（弱）扰动技术也作了表述和规定，如《重点行业企业用地调查样品采集保存和流转技术规定（试行）》中论述了常用钻探方法的优缺点及其不同地层的适用性，提及了声波钻进技术非扰动原位采样技术；《污染地块采样技术指南》（征求意见稿）中初步论述了非扰动采样技术的工作流程；《地块土壤和地下水中挥发性有机物采样技术导则》（HJ 1019—2019）中论述了非扰动采样技术可用于挥发性有机污染土壤的采样。在实际操作层面，要达到100%非扰动钻探采样难度较大，而实现相对弱扰动的钻探采样是目前相对可行的技术路线。《污染地块勘探技术指南》（T/CAEPI 14—2018）在不同岩土类别地块的钻进方法中提到了声波振动钻探技术，认为该项技术是一种弱扰动原位采样技术，适用于黏性土、粉土、砂土。相较于传统钻进技术和直推式采样技术，高频声波钻进原位弱扰动采样技术的操作参数和采样流程存在较大差异，缺少相应的标准。

"中荷寰宇"以 ZHDN-SDR 150A 型高频声波钻机为基础，参考了 *Standard Practice for Sonic Drilling for Site Characterization and the Installation of Subsurface Monitoring Devices*（D6914/D6914M-16）、*Standard Guide for Use of Casing Advancement Drilling Methods for Geoenvironmental Exploration and Installation of Subsurface Water Quality Monitoring Devices*（D5872/D5872M—18）、《钻探工程名词术语》（GBT 9151—1988）、《取样钻机系列》（DZ/T 0103—1994）、《取样钻机具系列》（DZ/T 0105—1994）、《取样钻机技术条件》（DZ/T 0104—1994）、《全液压岩心钻机》（JB/T 13014—2017）、《轻型勘察取样钻机》（T/GXMES 001—2020）、《动力头式钻机》（JB/T 10344—2021）、《钻机基础技术规范》（SY/T 5972—2021）等规范指南，联合生态环境部南京环境科学研究

所、中国科学院南京土壤研究所、江苏省环境科学研究院、江苏省环境工程技术有限公司，共同申报了地方标准《高频声波钻进原位弱扰动土壤和地下水采样技术标准》，规范了高频声波钻进技术与设备用于土壤和地下水的采样。溧阳市东南机械有限公司作为 ZHDN-SDR 150A 型高频声波钻机的联合研制单位，发布了针对该钻机的企业标准——《ZHDN-SDR 高频声波钻机》，此企业标准可作为高频声波钻进技术与设备的技术研发与钻机及其配套钻具系统生产制造的技术类和机械类标准的参考。另外，广东省环境科学研究院牵头申报的《建设用地土壤弱扰动原位采样技术规范》团体标准，也针对高频声波钻探作了表述和规范。

6.2.2　高频声波钻进技术与设备相关标准推广

目前，国外已有成熟的高频声波钻进技术与设备，知名的生产制造厂商主要有美国 Boart Longyear 公司、荷兰 Eijkelkamp SonicSampDrill 公司、加拿大 Sonic Drilling 公司、日本 Tone Boring 公司等，这些技术与设备在土壤环境调查等相关领域均得到了较好应用。专门用于地块特征和地下监测装置安装的声波钻探标准实施规程 *Standard Practice for Sonic Drilling for Site Characterization and the Installation of Subsurface Monitoring Devices*（ASTM D6914－04）于 2004 年发布，其规范了在进行地质环境勘探以确定地块特征和地下监测设备安装时使用声波钻探方法的程序，这也使得国外的高频声波钻机产业处于行业领先地位。

国内声波钻机产业尚处于初步发展阶段，存在诸多问题，如核心部件声波动力头主要依赖进口、智能化及自动化程度较低、各研制单位钻机规格不统一、采样流程标准差异较大等。同时，与其对应的高频声波钻进技术与设备的相关标准却迟迟未发布，这给高频声波钻进技术与设备产业的发展带来了很大的困难。

上节所述《高频声波钻进原位弱扰动土壤和地下水采样技术标准》对高频声波钻进技术与设备的适用范围、专业术语和定义、采样设备及配套钻具系统、采样过程、质量管理与质量控制、安全与防护、应急处置及数据记录等作了详细的表述和规范。《ZHDN-SDR 高频声波钻机》规定了高频声波钻机的分类、技术要求、试验方法、检验规则、标志、包装、运输和贮存等。这两项标准对高频声波钻进采样技术、钻进过程参数的确定、采样过程中对土壤和地下水的原位弱扰动的要求以及高频声波钻进采样设备的具体操作条件作了较为详细的表述和规范,可满足污染地块采样工作的实际需求。

"中荷寰宇"研制的高频声波钻机已于不同污染类型和不同地层得到验证,整体钻探采样效果已满足国内高精度污染地块调查的技术要求,同时钻机的量产和配套技术服务也已经建立。整体而言,国内的高频声波钻机已初具产业化,此时与产业化相配套的钻探采样技术标准可作为一种尝试逐步应用并推广开来,以促进环境调查领域钻探技术与设备的技术参数、工作流程等规范化。同时,发布并推广 ZHDN-SDR 150A 型高频声波钻进技术与设备的相关标准,可带来经济、社会、生态三方面的显著效益。

(1) 经济效益

推动国内高频声波钻机标准化,提升市场占有率和竞争力,可以有效促进国内高频声波钻进技术与设备的研制与应用,更好地适用于土壤污染地块调查工作。同时,高精度原位弱扰动的优势使高频声波钻进技术可继续推广至更多相关领域,如地质勘察领域,从而更好地参与市场竞争,扩大市场需求。

(2) 社会效益

规范污染地块调查程序和流程,促进相关勘察行业健康发展。高频声波钻进原位弱扰动土壤和地下水采样技术标准的立项,可以统一设备规格参数,规范地块调查程序与流程,极大地提高调查质量与效率,同时有利于其在相关勘察领域的应用与推广,促进相关勘察行业健康发展。

(3) 生态效益

促进低能耗、智能化钻进技术推广应用,大力提升污染地块调查专业性。高频声波钻进技术和设备的推广应用,可有效推动污染地块调查市场规范化发展,促进污染地块的精准调查与修复,有利于污染地块的再利用,有效规避人体和生态健康风险。

6.3 前景预测

6.3.1 市场规模扩张,钻探需求旺盛

我国土壤污染调查市场具有两大特点。一是体量大。《全国污染状况调查公报》显示,全国土壤总超标率高达 16.1%;根据"土十条"要求,全国重点行业企业调查地块约 10 万个。二是法律强制性。《中华人民共和国土壤污

染防治法》和《江苏省土壤污染防治条例》规定了住宅、公共管理与公共服务用地以及土壤污染重点监管单位,变更前应当按照规定进行土壤污染状况调查。根据前瞻产业研究院预测分析,2018—2023年我国土壤修复市场产业规模达到2500亿~3000亿元,除工业场地调查外,矿山、油田、勘察和修复项目的采样需求巨大。

以美国GeoProbe、国产GY-SR60直推式钻机为代表的主流钻探设备,样品压缩比大、取芯率低(≤70%)、样品量少且可靠性差,无法完全满足土壤污染调查钻探采样要求。以荷兰Eijkelkamp SonicSampDrill为代表的高频声波钻机价格高昂(约370万元),国产YGL-S50等声波钻机需引进中低频动力头,性能低下且缺乏自主核心技术。上述设备均难以满足土壤调查修复市场对钻探采样设备的巨大需求。

普华有策信息咨询有限公司发布的《中国钻机行业市场调研及"十四五"发展趋势研究报告》指出:随着国家对节能减排要求的提升以及制造业的转型升级,下游市场及客户对安全、环保、节能、高效的钻机产品的需求不断增加,市场整体往高端化方向发展,不具备足够设计研发能力的企业将逐渐被市场淘汰。

6.3.2 国产核心技术,产品成本可控

目前,国内研制的高频声波钻机结构基本相同,主要分为主机系统和辅机系统两部分。其中,主机系统包括声波动力头系统、液压控制系统、立柱系统、夹持系统、抓/排杆系统、横梁系统、绞车悬臂系统、水箱系统、推土系统、履带底盘系统、机外壳系统;辅机系统包括发动机系统、液压动力系统、液压传动系统、液压油箱系统、水泵/泥浆泵系统、固定立柱系统、钢铝拖链系统。钻机配套钻具系统主要包括钻杆、连接杆、延长杆、钻头、PVC(PE)取样管等。

以"中荷寰宇"的ZHDN-SDR 150A型高频声波钻机为例,其钻机及配套钻具系统研制所涉及的原材料采购包括但不限于发动机/马达类(柴油机、摆线液压马达、减速机马达、同步马达、大扭矩回转马达)、电气类(电气盒组件、控制盒组件、遥控组件)、轴承类(滚动轴承、复合轴承)、阀门类(单向阀、液压多路阀、分流阀、节流阀、单向节流阀、负载敏感比例多路阀、直动式溢流阀、梭阀、平衡阀)、泵类(变量柱塞泵、隔膜泵、同步马达泵)、油缸类(两节油缸、升立柱油缸、旋转拆杆油缸、夹紧油缸、支腿油缸、抓手油缸、上下夹持油缸、

立柱支起油缸、立柱上下移动油缸、夹持旋转油缸、声波头支起油缸、左右移动拖板油缸)、高强度钢材(沙岩钻进杆(含节杆)、冲击取芯钻头、90(89)型连接杆)、其余零部件(同步带、惰轮、同步带轮、滚动花键副、后振子轴、前振子轴、联轴节、橡胶隔振器、缓冲块、波纹管防护罩、销轴、火焰预热塞、静态扭矩传感器、扭矩功率仪、电源转换器、橡胶履带底盘、行走马达变量控制块),已实现全国产供给。

目前仍需进口的包括双联变量液压泵、5CP5120 泵、派克马达、声波动力头系统的相关元件(SKF 轴承、传感器轴承、成套滚针轴承、其余相关轴承)等。由于国际形势变化,涉及进口的材料及零部件的供应存在未知性,其余国产材料及零部件的供应具有一定的稳定性和可靠性。钻机的正常生产制造受进口零部件的限制,实现全国产尚有待于国产厂家的科技进步及材料研制厂商的技术更新。

高频声波钻机的关键部件主要涉及声波动力头系统、液压控制系统、电气控制系统及发动机系统,除需要进口的零件外,其余零件均已实现纯国产化。声波动力头系统涉及的关键部件装配主要为振子与振子腔的适配,由于国产振子的技术研发与方案设计基于国外的成熟技术,而在设计不同规格的振子系统时,需要根据性能参数而改变振子与振子腔的规格,这就导致其适配存在一定难度,现阶段主要以高校相关机械专家作为方案设计顾问,使设计方案在理论和技术层面达到钻机性能参数的要求,同时以资深机械工程师和技术专员分工合作,对振子进行方案实施和验证测试、反馈再测试的方式完成振子系统装配。动力头主轴系统部分组件需要从国外进口,这给装配工作带来了一定的难度,现阶段主要采取优先选择对应组件规格,若无合适规格则对整个构件进行修改调整的办法,以满足钻机的性能参数要求。

液压控制系统中的部分马达(派克马达)、双联变量液压泵需要从国外进口,这给整体系统的装配和调试造成了一定的限制,为了达到合理准确地控制每一个液压终端元件的目的,同时保证液压系统具有足够的动力(确保钻机立柱系统具有足够的下压力),需要对其进行合理的设计。现阶段的第一要务是以液压动力为基准,在其基础上选择元件型号,在此过程中借助了南京某液压科研所的科技实力,对整个液压系统的装配进行了反复实践与修改,最终完成了装配工作。

电气控制系统及发动机系统已实现全国产化,因此在钻机的理论研究及技术开发过程中,可以最高的标准对其进行方案设计。实际的电气控制系统以及发动机系统的装配工作,是以业内某知名品牌厂家为供应商,由其提供专业技术人员进行指导,同时协助钻机研制方完成的。

总体而言,依托国内工程师规模化发展与工业全产业链的巨大优势,国产高频声波钻进技术与设备具有自主核心技术开发与产品生产制造成本可控的综合性优势。

参考文献

[1] 骆永明，滕应．我国土壤污染的区域差异与分区治理修复策略[J]．中国科学院院刊，2018，33(2)：145-152.

[2] 朱勇兵，赵三平，李瑞雪，等．射击场土壤重金属污染及其生物有效性[J]．环境科学学报，2011，31(3)：594-602.

[3] 罗启仕．我国城市建设用地水土污染治理现状与问题分析[J]．上海国土资源，2015，36(4)：59-63.

[4] 骆永明，等．土壤污染与修复理论和实践系列丛书一：土壤污染特征、过程与有效性[M]．北京：科学出版社，2016.

[5] 赵其国．土壤污染与安全健康:以经济快速发展地区为例[C]．中国广州:第四次全国土壤生物与生物化学学术研讨会，2007.

[6] 宋昕，林娜，殷鹏华．中国污染场地修复现状及产业前景分析[J]．土壤，2015,47(1)：1-7.

[7] 赵其国，骆永明，滕应．中国土壤保护宏观战略思考[J]．土壤学报，2009，46(6)：1140-1145.

[8] 卜奇．土壤污染的种类、危害及防治措施[J]．湖北农机化，2018(6)：26.

[9] 骆永明，周倩，章海波，等．重视土壤中微塑料污染研究防范生态与食物链风险[J]．中国科学院院刊，2018，33(10)：1021-1030.

[10] 李威．土壤重金属污染危害及微生物修复[J]．现代农村科技，2021(8)：99-100.

[11] 刁杰．我国农田土壤重金属污染现状、危害及风险评价研究[J]．江西化工，2021，37(6)：27-29.

[12] 刘永震，李卫．农业生产中残留农药污染危害及对策分析[J]．农技服

务，2014，31(10)：90-91.
[13] 杨世余. 环境污染危害人体健康问题评述[C]. 云南省环境科学学会. 云南环境研究-生态文明与环境保护，2014.
[14] 黄硕，任艳艳. 关于环境治理中的污染危害防治与土壤修复技术[J]. 区域治理，2019(25)：88-90.
[15] 张桂香，赵力，刘希涛. 土壤污染的健康危害与修复技术[J]. 四川环境，2008(3)：105-109,126.
[16] 叶邦兴，唐海明，汤小明，等. 中国农田污染的现状及防治对策初探[J]. 中国农学通报，2010,26(7)：295-298.
[17] 朱文霞，曹俊萍，何颖霞. 土壤污染的危害与来源及防治[J]. 农技服务，2008(10)：135-136.
[18] 曾昭婵，李本云. 万山汞矿区土壤汞污染及其防治研究[J]. 环境科学与管理，2016，41(5)：115-118.
[19] 段红英. 贵州万山汞污染源的特征及现状评价[J]. 世界有色金属，2020(12)：251-255.
[20] 苗利军. 汞污染对人体的危害[J]. 农业工程，2013，3(3)：83-84.
[21] 张钊，张海清. 湖南省镉污染土壤现状及建议[J]. 现代农业科技，2019(10)：150-151,153.
[22] 方琳娜，方正，钟豫. 土壤重金属镉污染状况及其防治措施：以湖南省为例[J]. 现代农业科技，2016(7)：212-213.
[23] 冯德福. 镉污染与防治[J]. 沈阳化工，2000，29(1)：44-45,62.
[24] 陈基旺，屠乃美，易镇邪，等. 湖南镉污染稻区再生稻发展需解决的重点问题[J]. 农学学报，2020，10(1)：32-36.
[25] 陈任连，蔡茜茜，周丽华，等. 甘肃某冶炼厂区土壤重金属铅、镉污染特征及其对微生物群落结构的影响[J]. 生态环境学报，2021，30(3)：596-603.
[26] 张安星. 铅在环境中的化学行为及防治措施：以甘肃徽县铅中毒事件为例[J]. 贵州化工，2009，34(6)：33-35,42.
[27] 吕浩阳，费杨，王爱勤，等. 甘肃白银东大沟铅锌镉复合污染场地水泥固化稳定化原位修复[J]. 环境科学，2017，38(9)：3897-3906.
[28] 李干杰. 推进土壤污染防治立法 奠定生态环境安全基石[J]. 中国科学

院院刊，2015，30(4)：445-451.
[29] 庄国泰. 我国土壤污染现状与防控策略[J]. 中国科学院院刊，2015，30(4)：477-483.
[30] 赵威. 土壤污染与环境保护现状及防治措施[J]. 资源节约与环保，2022(5)：20-23.
[31] 刘岩. 土壤污染与环境保护的现状分析及防治措施[J]. 资源节约与环保，2020(7)：41.
[32] 夏新，姜晓旭. 中国土壤环境监测方法体系现状分析与对策[J]. 世界环境，2018(3)：33-35.
[33] 李明. 土壤环境监测技术的现状及发展趋势探究[J]. 环境与发展，2020,32(12)：73-74.
[34] 田芳. 中国土壤环境监测的现状、问题及建议[J]. 中国资源综合利用，2018,36(5)：142-144.
[35] 骆永明，滕应. 中国土壤污染与修复科技研究进展和展望[J]. 土壤学报，2020,57(5)：1137-1142.
[36] 张桂香，赵力，刘希涛. 土壤污染的健康危害与修复技术[J]. 四川环境，2008(3)：105-109,126.
[37] 陆彬，王兆阳，何懿恒. 土壤污染修复技术及其应用分析[J]. 资源节约与环保，2022(5)：145-148.
[38] 郝晓明. 土壤污染修复技术及其应用分析[J]. 黑龙江科学，2021，12(14)：102-103.
[39] 陈敏，梁志权. 土壤污染修复技术现状及趋势[J]. 广东化工，2017，44(20)：151-152.
[40] 王子彬，罗嘉敏，牛晓霞. 基于探坑法的路面结构病害测试方法研究[J]. 交通科技，2018(3)：43-45.
[41] 叶宗跃. 谈冲击回转钻探技术[J]. 黑龙江科技信息，2013(5)：19.
[42] 彭新明. 螺旋钻进技术在工程施工中的应用[J]. 西部探矿工程，1998，10(3)：53-56.
[43] 赵龙，韩占涛，孔祥科，等. 直接推进钻探技术在污染场地调查中的应用进展[J]. 南水北调与水利科技，2014，12(2)：107-110.
[44] 李炯，王瑜，周琴，等. 环境取样钻机的关键技术及发展趋势研究[J].

探矿工程(岩土钻掘工程)，2019，46(9)：81-87.

[45] 赵晓冬. MGD-S50 Ⅱ型声频振动钻机场地试验及钻探工艺研究[J]. 中国煤炭地质，2018，30(2)：76-79.

[46] 雷开先. 声波钻机在环境地质调查中的应用研究[J]. 探矿工程(岩土钻掘工程)，2013，40(6)：4-8.

[47] 罗强，刘良平，谢士求，等. YGL-S100 型声波钻机及其在深厚覆盖层成孔取样施工实践[J]. 探矿工程(岩土钻掘工程)，2013，40(6)：9-13.

[48] 颜纯文. 声波钻进和宝长年 LS250 声波钻机[J]. 地质装备，2016，17(5)：11-15.

[49] 石艺. 声波钻进技术[J]. 石油钻采工艺，2009，31(S1)：129，134.

[50] 宋家音,赵玲,滕应,等. 污染场地采样调查技术与设备研究进展[J]. 土壤,2021,53(3):468-474.

[51] 熊玉成. 声频振动钻进的机理研究[D]. 北京：中国地质大学(北京)，2007.

[52] 张燕. 国外声波钻机及其应用[J]. 探矿工程(岩土钻掘工程)，2008，35(7)：105-107.

[53] 史海岐，刘宝林. 声频振动钻机及其液压系统的设计[J]. 探矿工程(岩土钻掘工程)，2007(7)：44-46.

[54] 日本东亚利根公司 JP 系列声波钻机[J]. 地质装备，2016，17(5)：46.

[55] 罗强. 声波钻机在深厚覆盖层成孔及取样的施工技术[J]. 地质装备，2013，14(6)：37-40,25.

[56] 陆卫星，吴浩，任晓飞. MGD-S50Ⅱ型声频振动钻机应用试验及优化研究[J]. 地质装备，2021，22(6)：14-18.

[57] 潘云雨，梅金星，徐静，等. ZHDN-SDR 150A 型高频声波钻机设计[J]. 钻探工程，2022，49(2)：135-144.

[58] CONSTANTINESCO G. Theory of wave transmission; a treatise on transmission of power by vibrations[M]. Charleston: Biblio Bazaar, 2009.

[59] 李炯，王瑜，周琴，等. 环境取样钻机的关键技术及发展趋势研究[J]. 探矿工程(岩土钻掘工程)，2019，46(9)：81-87.

[60] 叶成明，李小杰，刘迎娟. 浅析声波钻进技术[J]. 勘察科学技术，2007

(5)：29-31.

[61] 韩萌，孙平贺，徐金鉴，等. 美国声波钻进规程 ASTM D6914/D6914M-16 浅析[J]. 探矿工程(岩土钻掘工程)，2018，45(10)：141-146.

[62] 冉灵杰. 浅层土壤环境取样钻进技术研究[D]. 北京：中国地质大学(北京)，2019.

[63] BADESCU M，BAO X Q，BAR-COHEN Y，et al. Integrated modeling of the ultrasonic/sonic drill/corer(USDC)：procedure and analysis results[J]. Proceedings of SPIE－The International Society for Optical Engineering，2005，5674：312-323.

[64] BINGHAM C M，STONE D A，SCHOFIELD N，et al. Amplitude and frequency control of a vibratory pile driver[J]. IEEE Transactions on Industrial Electronics，2000，47(3)：623-631.

[65] 郑英杰. 声频钻机的动力学优化及振动测试[D]. 西安：西安石油大学，2015.

[66] 周裕民. 同轴式声频物探钻机振动器的动力学分析与优化[D]. 西安：西安石油大学，2018.

[67] 小孙. 声波共振钻探法[J]. 国外地质勘探技术，1996(2)：28.

[68] 伍宛生，杨正春，黄江，等. 基于便携式声波钻机成套设备的软弱松散地层勘察技术研究[J]. 治淮，2020(12)：36-39.

[69] 张燕. 声波钻进振动器的结构原理浅析[J]. 探矿工程(岩土钻掘工程)，2010，37(7)：77-80.

[70] 钱永行. 声频振动钻进系统破岩力及能量传递规律研究[D]. 北京：中国地质大学(北京)，2021.

[71] 雷玉如. 声频钻机隔振结构仿真分析研究[D]. 北京：中国地质大学(北京)，2013.

[72] 肖京. 声波钻钻柱疲劳损伤及其惯性边界的耦合特征研究[D]. 北京：中国地质大学(北京)，2017.

[73] 郇盼. 全套管钻进中套管的受力分析与数值模拟[D]. 北京：中国地质大学(北京)，2014.

[74] 梁成华. 轻便型松散(软)地层原状取心全液压钻探机具的研制[D]. 北京：中国地质大学(北京)，2003.

[75] 王振，李粮纲，何有强. 松散地层声波钻机配套取心钻具的研制[J]. 勘察科学技术，2016(3)：60-63.

[76] 庞海荣. 全液压钻机电液比例技术的应用研究[D]. 北京：煤炭科学研究总院，2003.

[77] 胡志坚. 钻机负载自适应液压控制系统的研究[D]. 长春：吉林大学，2007.

[78] 宋海涛. 履带钻机负载敏感液压系统的研究[D]. 武汉：中国地质大学，2008.

[79] ROUSSY R. The development of sonic drilling technology[J]. Geo Drilling International, 2002,10(10)：12-14.

[80] OOTHOUDT T. Sonic drilling：an environmental imperative[J]. Geo Drilling International, 1998, 2：14-16.

[81] 陈跃. WT50 型超高频振动物探钻机设计[D]. 大庆：东北石油大学，2014.

[82] 张培丰，贾绍宽，朱文鉴，等. TGSD-50 型声频振动取样钻机的研制[J]. 探矿工程(岩土钻掘工程)，2011，38(1)：35-38,70.

[83] 我国首台全液压声频振动钻机亮相[J]. 地质装备，2013，14(1)：8.

[84] PAVLOVSKAIA E, HENDRY D C, WIERCIGROCH M. Modelling of high frequency vibro-impact drilling[J]. International Journal of Mechanical Sciences, 2015, 91:110-119.

[85] 张步恩. 便携式液压打桩机关键技术研究[D]. 郑州：华北水利水电大学，2016.

[86] 杨书仪，黎桓，陈苍，等. 新型冲击沉桩机-桩-土全系统动力学特性分析[J]. 工程设计学报，2016，23(2)：166-171.

[87] 周兢，吴浩. 新型声频振动勘察钻机的研制与应用[J]. 施工技术，2018，47(S1)：918-921.

